森永卓郎の「マイクロ農業」のすすめ

都会を飛びだし、
「自産自消」で豊かに暮らす

森永卓郎

農文協

目次

森永卓郎の「マイクロ農業」のすすめ

プロローグ　コロナ禍でも楽しき、私の「マイクロ農業」

第1章　マイクロ農業で「幸福」を手に入れる

第2章 都会脱出でマイクロ農業 それがコロナ時代の新しい生き方

第3章 「食の安全」を実現し、環境にやさしいマイクロ農業

第4章 若者世代へ「本格田舎暮らし」の提言！

第5章 マイクロ農業で足元から「地球に貢献」

編集協力／未来工房
イラスト・カバーデザイン／おおつかさやか

プロローグ

コロナ禍でも楽しき、私の「マイクロ農業」

定年後に最適なマイクロ農業

２０１８年から私は、群馬県昭和村にある「道の駅あぐりーむ昭和」が運営する10坪ほどの畑で、「マイクロ農業」を始めました。マイクロ農業というのは本格的な農業にはおよびもつかないけれど、家庭菜園よりは〝ちょっとだけ〟本格的な農業のことです。そこで私はトマト、キュウリ、ナス、ピーマン、ジャガイモ、落花生など、10種類以上の野菜を育てました。

もともとやりたいなとは思っていたのですが、仕事で一日も休めない月が多かったため、あきらめていました。ところが、60歳を過ぎて、日曜日の仕事が減ってきたことと、私が畑に行けないときは、道の駅の駅長が、面倒を見てくれるという約束をしてくれたので、思い切って挑戦することにしたのです。

小さな貸し農園なのですが、その面積でも農業は大変です。実際には、道の駅のスタッフが農地の整備をして、種や苗まで準備したうえに、農作業の指導をしてくれました。道の駅の人が、土や苗など全部用意してくださっていたことに、あとで気づきました。

それでも、慣れない農作業は苦労が絶えません。ただ、大自然のなかで、土をいじっているだけで気持ちがよいですし、作物が少しずつ育っていく様子を見るのは、子育てとも似たような喜びがあるのです。

さらに、マイクロ農業には、思わぬ効果がありました。それは、足腰がとても鍛えられるということです。私の畑では、いっさい農薬を使っていません。2週間も放っておくと、雑草が生い茂ってしまうのです。それを、作物を傷つけないように、手作業で1本1本抜いていく作業は、とても大変です。私の場合、必死で作業をしても、完了まで3時間ほどかかってしまいます。私は、草抜きを立ったままやっているので、姿勢としては、中腰になります。その結果、太ももの筋肉に大きな負荷がかかるのです。

つまり草抜きの作業は、私にとって、スクワットをやっているのと同じだということになります。それを3時間続けるのですから、ジムに3回通ってやる運動を1回でやるようなものです。実際、最初の本格的草抜きの後は、3日間まともに歩けませんでした。ただ、老化は足からやってくると言います。足腰を鍛えるためにも、マイクロ農業がおすすめなのです。

コロナ禍で、昭和村から新たな農地探し

昭和村には、毎週高速道路を1時間かけて行き来していました。仕事があるので、多いときでも週に一度しか出かけられないのですが、ここは土にも恵まれた土地で、赤城山が噴火したときの溶岩が細かくなって土に含まれているので、水はけがいいのに水保《も》ちがよく、畑仕事に絶好の土地、「やさい王国」と呼ばれる所以です。道の駅には、地元の農産物がたくさん並んでいます。道の駅の駅長さんとも仲良くなりました。

「やりませんか?」と声をかけてくれた駅長が、私が行けないときにも、水やりや草むしりを代わりにやってくれていましたし、プロの農家が畑の整備と苗や種の準備、そして農作業のあらゆるアドバイスをしてくれるので、10坪くらいの狭い畑でも、家族では消費しきれないほどたくさんの収穫がありました。

ところが、2020年は新型コロナウイルスの影響で「東京近辺からは来ないで」と県間移動の自粛が求められ、昭和村の畑に行けなくなってしまいました。

「せっかくやり始めたのに、どうしよう?」と思っていたところ、妻が近所の使われていない土地を探し、農家に頼み込んで、家から徒歩3分のところに20坪ほどの畑を借りられることに

なりました。

本物の農家がやっている面積と比べたら、とてつもなく小さな規模です。それくらいなら、昭和村の経験でうまくできると思っていたのですが、予想以上に大変な作業でした。土は硬いし、畑の整備もたいへん。鍬《くわ》一本で畑を耕し、石灰を入れ、堆肥を入れ、最後に肥料を入れていきます。これが結構な運動量で、日頃の運動不足が一挙に解消されます。

でも作業はこれだけではありません。悪戦苦闘している私を見て、まわりの人が耕耘機（種・苗・肥料などまで）を貸してくれました。機械の力はすごい……実際に耕耘機を使うと、2週間かかった作業が30分で終わりました。農家の人がなぜ農業機械を欲しがるのかよくわかりました。

そんなおり、農地を貸してくれた農家のおじいさんが亡くなってしまったのです。とてつもない相続税がかかるので畑は売らざるを得ないことになり、一部だけでも私が買おうと思いましたが、そう簡単ではありませんでした。いまの国の制度では、農地を買うには「農家」にならなければならないのです。「農家」であることの条件は後で述べますが、私の場合は農家に〝転業〟するわけにもいかず、やむなく諦めました。

愛着のあるこの土地を使えなくなってしまい、冬を越すべき野菜は植えられなくなったのですが、農作業をしている間に周囲の畑の人とも仲良くなったおかげで、「もうすぐあそこの土地が空きそうだから、そっちを借りませんか？」と声をかけてもらい、30坪ほどの土地を借りることができたという次第です。

こうしていま、30坪ほどの土地を耕しています。雑草は一晩で伸びます。手がまわらないくらいの作業となり、毎日行かざるをえなくなってしまいました。

大地と向き合うよろこび

おかげで、私のライフスタイルががらりと変わりました。新型コロナウイルスによる自粛要請もあって、生放送対応のため週に2～3日、短時間だけ東京に出かけるほかは、ずっと埼玉の家にいます。40年前に就職してから、初めての経験です。はからずも、定年退職後の生活を疑似体験することになったというわけです。

自粛生活で暇を持て余しているという人も多いのですが、私はとても忙しく過ごしています。晴れた日には畑に出て、雨の日は自分で開設した「B宝館」という博物館（73ページ参照）で展示物の整理をしているからです。

毎朝、3時間ほどの農作業が増え、完全に朝方人間になりました。農作業中は、「マスクしないでいい」「空気よし」「水おいしい」そして、「何より楽しい！」のです。

その後、近所の農協や園芸店、ホームセンターで野菜の苗を買って植え始めたのですが、自粛期間に野菜作りをしようと思う人が増えたらしく、よい苗が手に入らなくなってしまいました。そこで種から育てることにしたのですが、なかなか思い通りにはいきません。肥料や水は多すぎてもいけないし、少なすぎてもうまくいかないのです。しかも大雨や強風に襲われたり、虫に食われたり、病気が出たりします。ありとあらゆる困難が立ちはだかります。

でもそこで、私は考えました。「これまでまったくやったことのないことに一から取り組むなんて、なんて素晴らしいんだろう！」と。それはいままでにない経験でした。これまでにやってきた執筆や講演生活とは無縁の、直に大地と向かい合うよろこびが得られたのです。

作物を種から育てようと、腐葉土を入れたポットに大豆の種を播《ま》いて、苗を自宅の庭で作ったのですが、ポットの数に限りがあったので、3分の2くらいの種は畑に直播しました。ところが、自宅の苗は順調に育ったのですが、畑のほうは一向に芽を出しません。なぜだろうと不思議だったのですが、原因がわかりました。ある日の夕方、畑で数株の大豆が芽を出していました。ところが翌日の早朝に畑に行ってみると、新芽は跡形もなく消えていました。鳥に食べられてしまったのです。

豆類は、発芽した当初はまだ「豆っぽい」ので、鳥の楽園の畑では、格好の餌食になってしまうのです。鳥は、相当賢くて、落花生の種も5粒播《ま》いたのですが、そのうち3粒は掘り返されて、食べられてしまいました。その他、正体不明の動物に畑を掘り返されるやら、キャベツが片っ端から虫に食われるやら、農業は動物との闘いでもあります。

そうした困難を克服しながら、最後に収穫までたどり着いたときのよろこびは、山登りにも似ています。

農作業は、思い通りにならないから楽しい！

私が近所で畑を始めてから一番変わったのは、近所の人とのコミュニケーションが増えたことです。畑をいじっていると、通りかかった近所の人が声をかけてくれるのです。日々育っていく作物の変化を見るのは、彼らも楽しみのようで、話がはずみます。

まわりには、定年後、私と同じようにマイクロ農業をしている人たちが何人もいて、彼らとの交流もできました。育て方のアドバイスをくれたり、野菜の種や苗を分けてくれたりします。作物も「穫《と》れすぎちゃったから」といって分けてくれます。

定年後の楽しみで畑をやっている先輩たちに、なぜ畑をずっとやっているのか話を聞くと、農業の面白さは二つあると言います。

一つは、野菜を作るのはとても難しく、自分の思い通りにならないことです。自然が相手ですから、いくら習熟していっても、成功率はせいぜい3分の2くらいだと言います。ホウレンソウやトウモロコシは、ほぼ100％発芽しますが、なかなか育ちません。2020年の夏は雨が降らず、夏の最盛期に播いた秋野菜の種はほぼ全滅でした。

でも、うまくいかないから必死に考えます。いろいろ知恵を使って、柔軟に対策を講じていかなければ、農業はできないのです。そして手をかければかけるほど、立派に作物が育っていきます。先輩たちに聞くと、皆、違うことを言うのが面白いところです。例えば、大豆は種から植えるか、苗からか、それとも分けてバラしてから植えるか、束ねたまま植えるか。あるいは、ちょっと芽が出たのを切ってやったほうが育ちやすい……など、それぞれの工夫がよく現れていて、聞いていてあきません。

２０２０年はスイカが一番の成功でした。スイカの苗をいただいたので植えたのですが、本来の植え付け時期よりかなり遅れた6月のことでした。7月は晴れた日がたった1日しかなく、苗をくれた方がその晴れた日の朝に人工授粉してくれました。ところが8月になると連日晴天が続き、出遅れた我が家のスイカは、その日差しをいっぱいに受けて育ったのです。その結果、1本の苗から10個も収穫でき、しかも真っ赤で、糖度も高い美味しいスイカになったのです。地主さんにおすそ分けしたら、「どこかから買ってきたの?」と言ってくれたほどのレベルでした。

昭和村のときと同じように、まわりの人に力をいただいて収穫できたものなので、うれしさもひとしおです。

売り物ではないので、一円も儲かってはいません。我が家だけでは食べきれないので、まわりに配っているだけです。でも、すごく楽しい。友人の漫画家・倉田真由美さんが、「森永さんの農業は金持ちの道楽」と言っていましたが、確かに道楽です。収穫した作物が食べられるという典型的な「地産地消」いや「自産自消」だけでなく、畑仕事は体のトレーニングになるからです。私はライザップに通っているので、定期的にジムでトレーニングを続けてきました。それ以上に、農業を始めたことで最大級の筋肉を手に入れることができたのです。畑の草むしりは、ほぼスクワット、鍬を振るう作業は、格好の背筋トレーニングになるのです。

すべてを自分で決められる「農業はアートだ！」

もう一つの楽しみは、全部を自分で決められるということです。サラリーマン生活は、思い通りにならないことの連続です。でも、多少理不尽と感じても唯々《いい》諾々《だくだく》と従うしかありません。だから「給料は我慢料」だと言われるのです。それと比べると農業は、すべて自分の考え通りに事を運べます。それが楽しいのです。

また、よく「畑を借りるときにいくら地代を払っているんですか」と聞かれるのですが、地代なんてありません。農家にあいさつに行ったり、たくさん穫れた作物を持って行ったりするだけ。つまり、現代人が生きていくために従わざるを得ない「資本主義の論理」とは無関係でいられるのです。

それだけではありません。最大のメリットは、まわりに住む人たちがみな、自分たちと同じ階層の人たちばかり。私と同じような〝庶民〟だということです。分不相応の、余計な見栄の張り合いをする必要がありません。「公園デビュー」や「お受験」とは無縁の生活が送れます。

そのほかにも、早寝早起きが身につきますし、適度な運動にもなるので、とても健康的です。老後の生活設計に農業を組み入れてみてはいかがでしょうか。

ちなみに、若い人であれば、都会と田舎の間にある所沢市や入間市のような「トカイナカ」ではなく、完全な田舎暮らしにチャレンジしてもいいと思います。自治体が移住のための助成金を支給してくれるところもありますし、一定期間住むことを条件に、家を提供してくれるところもあります。

実は、実際にそれを使って移住し、そこで起業するビジネスパーソンも少なくありません。彼らは「自給自足」を実践するかたわら、起業が軌道に乗るまでの間、近くの企業で働くなどして生活費を稼いでいます。思い切って新天地に飛び込むのも、選択肢の一つだと思いますが、これについては後の章でご紹介します。

マイクロ農業は最大の〝セーフティネット〟

昔は多くの人が農業をやっていました。自分の食べるものは自分で作るのが当たり前だったからです。輸入していた食料もありましたが、それは自分たちで作るための環境がなかったからで、量もわずかでした。

それが次第に工業化に伴い、国際分業やグローバリズムという考えが一般化され、日本は工業製品をたくさん売って外貨を稼ぎ、そのお金で海外から安い農産物を買うことが効率的という考えに変わっていったのです。そして、次第に人々は農業に見向きもしなくなり、農業は「きつい」「汚い」「かっこ悪い」の〝3K〟（「かっこ悪い」でなく「危険」が本来の意味ですが）の代名詞のような職業になっていきました。しかも「儲からない！」。だから高度成長期に多くの人が農村を離れ、都会に出て行ったのだと思います。

確かに農業で経済的な豊かさを実現するのはかなり難しい。でも時代は変わってきました。経済成長に翳りが見え、社会の将来に不安の影が射しています。

「国家の借金総額が1000兆円を超え、毎年の国家予算の10年分」なんて話を聞くと、やはり不安になります。もっとも、この問題に関しては、そう不安がることはありません。自国の通貨が発行できる国家が破綻することはありません。これは財務省も認めるところですし、日銀が国債を400兆円以上買い取って、事実上、借金を帳消しにしているので、あまり心配することはないのです。

でもこれに付随して、年金問題も浮上していますし、「不況知らず」の公務員ですら、リストラの波が押し寄せて身分が危うくなり、一方で非正規の公務員が増えています。かつての「役人天国」ですら足元が揺らいでいるのですから、「日本は大丈夫」と安穏としているわけにはいきません。

そんな時代に、日本は今後も安定して海外から食料を輸入できるという保証はどこにもありません。世界人口の急速な増加と各地で頻発する異常気象により、いつ食料不足が起こるかわからない時代です。「飽食の時代」なんて言っていられるのは、いまのうちだけかもしれないのです。

食品ロスも大きな問題です。日本の食料自給率は4割を切っているのに、日本人は平気で食べ物を捨てています。日本が出す食品ロスは2015年度推計で年間約646万トン（消費者庁）もあります。国民全員が、毎日茶椀一杯分の食品を捨てている勘定になります。その反面、世界には食べるものにも困ったり、飢えで苦しんだりする人が大勢います。もし先進国が食料廃棄物を出さなければ、世界から飢える人はいなくなるのです。

日本は長年にわたる減反政策で、水田の休耕地が増えています。ですが本来、日本は豊かな農業生産力を持つ国なのです。立派な田畑もあり、技術力も高い。そんな日本が、世界の農作物を買い漁ったら、本当に困るのは発展途上の国々です。品不足になるし、価格もつり上がって、手に入れることができなくなってしまいます。

安いからといって農産物を海外から輸入し、その挙句、食べ物を粗末にしている姿……これはとても恥ずかしいことなのではないでしょうか。

そうした一連の〝悩み事〟を解決する手段が「マイクロ農業」です。消費者が可能な限りの「地産地消」「自産自消」を心がけ、ささやかながらも、日本の農業を支えていくこと。たとえ一つひとつは小さくても、それが集まれば、いずれ世界の食料問題解決へとつながっていくのではないかと思います。

実際に作物を育てていると、「食」というものに身近に向き合うことができ、目を開かされます。私が、店頭に並んでいる野菜の〝不自然さ〟に気づいたのは、自分で農業を始めてからのことです。私が育てたキュウリがまっすぐになることは、滅多にありません。ナスも3割くらいは変形しています。でも形は悪くても、食べるにはなんの問題もありません。

これを見て私は、店頭に並べるまっすぐなキュウリやナスを作るために、農家の人がどれほど苦労しているかを知りました。専業農家は、私のように有機無農薬で野菜を育てるなんてことは、なかなかできません。特に葉物は片っ端から虫に食われるから、農薬が必須なのです。虫に食われた野菜は高く売れませんから、ビジネスにはならないのです。

でもそのなかで、少しでも農薬を減らそうとしたり、見栄えのよい作物を作るために努力する。それが農家の仕事だと言ってしまえばそれまでですが、その裏側で、店頭に並ばない作物が大量に出るのです。そんな作物だってせっかくの大地の恵みなのに、廃棄されてしまうことが少なくないのです。

農薬をいっさい使わない野菜は、大地の香りがします。スーパーで売られている野菜には、その香りがありません。いまの若い人は、その香りが嫌だというかもしれませんが、私はその香りこそ大地の〝滋味〟であり、作った人の努力の結晶のような気がします。

いま、都会で暮らしている人は、自分が食べるものがどう作られているのかを知らない人がほとんどでしょう。「近頃の子どもは、魚はスーパーに並ぶパックの切り身の姿で泳いでいると思っているんじゃないか」というジョークがありますが、まんざら笑い話でもありません。

人間にとって「食」は最も重要なもの、農業はその「食」の根源に携わる仕事なのです。自分で食べるものを100％他人まかせにしていると、いざというときに危うくなります。「食」は生命維持の源なのですから。

「身土不二」という言葉があります。人は自分が住んでいる土地でとれる旬なものを食べることが、体の健康にも自然にとってもいいということです。「地産地消」です。マイクロ農業は、これをさらに一歩進めた「自産自消」なのです。

もちろん、それだけで生活することはできませんが、せめて近隣で穫れたものを食べ、それが無理なら国産のものを食べるようにしたいものです。そのためには日本の農業をもっと盛り上げるように、応援していかなければなりません。

マイクロ農業は、単に「自産自消」という楽しみだけでなく、「食」に目覚めることで、日本の農業が抱える問題を直視するきっかけにもなるのです。

農業は「命の循環」につながる

コロナ禍で、全世界的に、人々の生き方が変化しました。いや、変わらざるを得なかったというほうが正しいでしょう。２０２１年２月22日現在で世界の累計感染者は約１億１１３７万人、死者は約２４７万人となりました。命だけでなく、見えない脅威の前に職を失う人たちも続出しました。

そんな人たちの間で、密かに高まっているのが「地方移住熱」と、それに伴う「農業熱」です。理由はテレワークが広がったからです。「３密」を避けるために出勤をやめ、在宅テレワークをやってみると、多くの仕事がオンラインで完結することがわかりました。もちろん、現業に従事する人はこの限りではありませんが、ビジネスマンの多くが「これまで満員電車で通っていたのは何だったんだ？」という思いを抱いたはずです。

テレワークが今後、完全に定着するかどうか、即断はできませんが、「脱ハンコ」の風潮もあって、元に戻ることはないでしょう。

テレワークの利点は、圧倒的に家族の団欒時間が増えること、増えすぎて飽きてしまって会話が減っても、やっぱり「家族っていいな」と思えることです。もちろん、なかには「スペースがないのでかえって息苦しい」という人もいるでしょうが、そういう声はひとまず置いておくことにします。

余裕で生まれた時間を使って家族でできることは、いろいろありますが、私は何といっても農業体験をおすすめします。それは、コロナ禍に直面して「健康」という問題を考え直すようになったこと、そして「自分たちの健康は自分たちで守る」という意識が強まったこと、そういう私自身の経験があるからです。マイクロ農業は「自給自足」の代名詞であり、究極の「地産地消」なのです。自分の食べるものを自分で作る……これほど「自分のため」になることはありません。

言うまでもなく、人間が生きていくのに必要な「衣食住」のうち、もっとも大切なのは食です。人類がまず必要としたのは食べものであり、衣も住も、進化する過程で後から取り入れたものにすぎません。食は生きていくための最低条件。その食を生み出すのが農業なのです。何をどう食べるか、それが「どう生きるか」につながっていくのです。

だいいち、小なりとも農業をしていれば、食べるには困りません。現代人は他人を評価する際に「あいつは、ちゃんと食っていけるのか？」を指標にしたりしますが、農業ほど〝食いっぱぐれ〟のない職業はありません。人間が生きるための食料を作っているのですから、食べていけないはずがないのです。

もちろん、マイクロ農業だけで生計を維持していくのは不可能です。しかし、いざというときでも困らないだけの最低限の食べ物を自給自足できるなんて、これほど心強いことはありません。

それだけではありません。農業は「命の循環」につながっていくものです。人間や動物が食べたものは排泄されて土に戻ります。そこでは虫や微生物たちが力を貸しています。そして、その土の中に落ちた種子から芽が出て、太陽の光や雨、大地からエネルギーをもらいながら、植物が育ち、それを動物や人間がいただく……これが命の循環です。コロナ禍は、はからずも、このことに気づかせてくれました。

命の循環ということに気づけば、地球のあらゆることについて、この視点から見る大切さに目覚めます。つまり、農業というものを暮らしの真ん中に据えて、地球環境や温暖化問題、あるいはビジネスや経済的問題を眺めてみると、新しい視点に気づくのです。ビジネスも社会活動も、自然や地球環境に負荷をかけずにやっていくことの大切さに目覚めるはずです。

例えば経済活動でも、これまでのように大量生産・大量消費のシステムを無自覚に受け入れるのではなく、できるだけ小さなエネルギーで展開できないか、を考えていくようになります。大資本を投入してグローバルに展開するのではなく、無理のない範囲でできることをつなげて、有機的に動かしていくという発想ができるようになります。

一つひとつは小さくても、それぞれをつなげてみると、とても大きな力になるはずです。

いまは農家こそ最高の職業だ

現代の情報社会は、とてつもなく「つまらない」社会です。創意工夫の余地がないし、会社ではみな、駒のような役割しか与えられていません。いま流行りの仕事といえば、ネット関連ばかり。それも道具のように働き続ける仕事です。そういう仕事ばかりになって、仕事が面白くなくなってきている。でも、農業はビジネス（お金儲けの手段）としてやらなければ、そんなしがらみとは無縁です。

しかも私の場合、仲間との付き合いを通して、お金には替えられない関係も手に入れることができました。周囲の人たちが何かと親切にしてくれて、耕耘機を貸してくれたり、種・苗・肥料などをタダでくれたり、農業のやり方も教えてくれました。こうした人間関係は、都会のビジネスシーンでは、滅多にお目にかかれないものです。コロナ禍の「濃厚接触」は困りものですが、こんな「農耕接触」なら大歓迎です。

まして、万が一それを「商い」に転換できれば、家計の足しになるどころか、やがて金銭的にも「食っていける」状態になるかもしれません。つまり農業は、現代社会における〝最強の職業〟なのです。

コロナ禍で、先の不安にかられる人がたくさんいましたが、マイクロ農業をしていれば、最低限の生活はできます。町が封鎖されても、野菜や穀物があるから食べることができる。生きていくうえで行き詰まるリスクが減ることが、一番安心につながるのです。つまりマイクロ農業は、楽しいことをやりながら最大のセーフティネットにつながっていくのです。

これからの時代は〝おもしろい〟ことを仕事にしよう！

コロナ禍は、さまざまな教訓を与えてくれました。なかでも最大のものは、個人個人が自由に、自分の思うままに生きていくにはどうしたらいいかのヒントだと思うのです。

現代社会は、さまざまなテクノロジーが、私たちの暮らしを豊かにしてくれました。でもその反面、以前では考えられなかったストレスを、現代人は抱えるようになりました。SNSの世界には無記名の誹謗・中傷があふれ、いじめが起こっています。ネットで注文した荷物が届くのが少しでも遅いと、「何やってるんだ」と怒る人もいます。毎日、何通も届くメールに返信するのが忙しくて、肝心のことが後回しになってしまうことさえあります。テクノロジーが進化すればするほど、私たちの生活はせわしくなるばかりです。

そんなストレスいっぱいの生活は、もしかしたら、私たちの健康を損ない、命さえ縮めてしまいかねません。それを避ける最大の方法は、「資本主義の論理」を遮断してしまうことです。全面的にシャットダウンしろとは言いません。でも、少なくとも私は、畑仕事をしている間は、資本主義とは無縁でいられます。自由でストレスの少ない、健康的な生活を送れます。

私は最近、つくづく思うのですが、自然の中で体を動かして、自然の恵みを受けて生きることが、本来の人間の生き方のような気がします。

現代社会は、自然を人間がコントロールしようとして、その結果、自然も壊れ、人間自体もどこかおかしくなってきているようです。自然から大きなしっぺ返しを食らう前に、そろそろ、人間本来の生き方に戻るべきなのではないかと思っています。

繰り返しますが、農業の最大のやりがいは、自分の手で一から農作物を育てられることです。一つの農作物を収穫するまでには、長い時間がかかります。

畑や田んぼを耕すことから始まり、苗を植え、草むしりや害虫の駆除をして、肥料をやり、間引きをしてと、数か月から一年をかけて作業を積み重ね、ようやく収穫にたどりつくことができるのです。苦労して育てあげた野菜や果物を、まるで自分の子どものように愛おしく感じるという人は多いようです。

美味しいお米、みずみずしい野菜、甘い果物、美しい花、農家が育てるものはそれぞれです。「これは自分にしか育てられない」という大きな誇りを感じることができます。これは、自然とともに生活する喜びを感じられるということです。

都会のビルのなかで会社員をしていると、季節の移り変わりやその日の天気に目を向ける機会は少ない。反対に農業は自然の変化を一日ごとに全身で感じられる職業。暑さや寒さはもちろん、雨の量や雲の流れ、花や虫の季節ごとの変化など、毎日ささやかな発見があります。また、基本的には朝早くから起きだして、日が落ちて暗くなれば作業を終了するので、規則正しい生活が送れます。

もちろん、苦労もたくさんあります。ですがそのぶん、自然のなかで感じられる幸福感や感動もたくさんあるのです。自然の中で過ごすのが好きな人にとっては、まさにうってつけの仕事といえるでしょう。農業の魅力は穫れたての野菜が食べられるだけでなく、家族と過ごす時間が多く持てること、地域の人とのつながりができること、豊かな里山の自然を守ることができることなどもあります。

定年後、農業を始めた人たちが口を揃えて言うのは「平凡な生活の中で感じる幸せ」です。農業には企業で働いていたときほどの刺激がなく、毎日、平凡な作業の繰り返しです。でも、日々大きくなる作物の生長はうれしいし、手塩にかけて育てたもぎたて完熟トマトを口にしたときの美味しさは何物にも替え難い。一日働いた後に見る夕焼けはとても綺麗です。そんな平凡な生活のなかに感じる幸せが、農業にはたくさんあります。

つまり、「自然環境のなかで生きる」ことは、最大の「癒し」であり、健康を保つ秘訣なのです。

例えば、ビジネスの現場ではパソコンに熱中していても、休日には自宅周辺の畑を耕し、収穫した作物を家族で味わったり、仲間を呼んでミニパーティーを開く……これこそ、もっとも効果的に「オンとオフ」を使い分ける道なのではないでしょうか。

こんなふうに、「自分で自由に決められる」ということは、実は現実社会ではあまりないものです。人生は自由です。自分の人生は、自分自身でデザインすることができます。さあ、すぐに、自宅近くに農園を探しに行きましょう。

第1章

マイクロ農業で「幸福」を手に入れる

年収200万円時代に豊かに暮らす「トカイナカ生活」

2019年、金融庁がまとめた「老後には2000万円が必要」という問題は、まだ記憶に新しいと思います。現在、夫が65歳以上、妻が60歳以上で無職の2人暮らし世帯の場合、約21万円の収入に対して、支出が26・5万円と計算されています。毎月5万5000円の赤字なので、これを65歳から95歳までの30年間積み上げると、不足額が約2000万円の計算になるというのです。

金融庁の意図は、「高齢化社会を生きるために2000万円を目標にしてください」という資産形成のススメだったのですが、それが〝脅し〟と受け取られ、「やっぱり年金だけでは暮らせないよね？」と世間は再認識し、その一方で、「2000万円なんてとても無理」という悲鳴が上がりました。所管する麻生太郎財務相が、あわてて〝火消し〟に走ったほどです。

でも実は、2000万円ではまだまだ足りないかもしれないのです。この計算では死亡年齢が95歳と想定されていますが、いまは「百歳長寿」が当たり前になっている時代です。一方、それを支える収入の基礎になる年金にしても、今後、大きく削減される可能性があります。この二つの要因を考慮し、

①年金給付の水準が、今後20年間にわたって毎年2％ずつ減少して、その後、横ばいになる。

②長寿時代を反映して、１０５歳まで生き残る（女性は５％の確率で１０５歳まで生き残ります）。

という二つの仮定をもとに計算すると、老後の不足金額は５７８０万円にもなってしまうのです。もちろん、そんな莫大な額を貯められるはずがありません。金融庁は「老後社会への警告」として、〝貯蓄優先主義を改めて、投資に目を向けましょう〟という意味で親切な提言をしたつもりなのでしょうが、かえって反発を招く結果になってしまいました。

75歳まで働き続けるのなら農業をやろう！

「老後には２０００万円が必要」というメッセージに隠された政府の意図は、「もう年金はあてにしないでください」ということです。そして、「生涯にわたって働き続けてください」というのが、政府の本音です。

年金制度は、現行では65歳から70歳までの間で受給開始時期を選べる制度になっています。でもそれを75歳まで広げて、75歳での受給開始を選べば、84％も年金が増えるというのです。

これは一見、魅力的な制度のように思いますが、60歳で定年を迎え、65歳まで定年延長で働いたとしても、その後の10年間を、年金なしでどう過ごせばいいのでしょう？

答えは明らかです。「10年なんて言わず、死ぬまで働き続けてください」というものです。

これは、高齢化社会の進行に伴う深刻な労働力不足を補う目的もありますが、それ以上に重要視しているのが、「年金制度の崩壊を防ぎたい」というものです。この「死ぬまで働け戦略」は、しっかりと政府の長期計画に練り込まれていて、覆ることはありません。

もちろん、心身さえ元気なら、75歳といわず死ぬまで現役でいるほうがいいと、私も思います。働くに勝る人生の充実感はないからです。しかし、働き方が問題です。心底、自分の好きな仕事なら、多少の苦労も我慢できます。しかし「年金では足りないから」といって、やりたくもない仕事を続けるのは辛いものです。お金のために楽しくもない仕事をして、毎日疲れ切ってしまうのでは、人生そのものの意味を考え直さざるを得なくなってしまいます。

それならば、定年後はマイクロ農業をやることをおすすめします。前にも述べたように、自然のなかで体を動かして、自然の恵みを受けて生きることが、本来の人間の生き方だからです。自然とともに生活するというライフスタイルを知れば「生きていてよかったなあ」という気持ちが、しみじみ湧いてくるはずなのです。

日本はアメリカに負けない「格差社会」

いまは日本でも、格差が広がるばかりです。「アメリカ社会は世界有数の格差大国」であることは誰もが知っています。「それに比べて日本はずっと平等だ」と思っている人が多いようですが、事実はまったく異なります。

ひとことで言えば、資本主義というのは「欲」の上に成り立っている社会で、成功者である富裕層は、あり余るほど築いた財産に満足せず、もっと多くを求めたがります。強欲に他企業を買収するのも、株式時価総額にこだわるのも、その現れです。

その一方で、我々庶民は資本主義に踊らされて、ささやかな「欲望」を満足させるだけでなく、労働力を提供するために、人生の持ち時間を浪費させられているのです。

実は日本はもう20年も前から、世界最悪レベルの格差大国になっています。OECD（経済協力開発機構）が2006年に発表した「対日経済審査報告書」には、相対的貧困率を示す国際比較の中で、日本の経済格差を示したデータがあります。それによると日本の相対的貧困率（可処分所得が中位の人の半分に満たない生産年齢人口の割合）は、2000年時点で、アメリカの13・7％に次ぐ13・5％と、世界トップクラスの高さになっているのです。OECD加盟国の平均は8・4％で、フランスやオランダ、ノルウェーなどヨーロッパ諸国は6％台、日本はその2倍以上です。

この相対的貧困率はその後も拡大を続け、「国民生活基礎調査」では、2012年の時点で16％を超えています。子どもの貧困率も上昇しています。その後はやや低下傾向にありますが、依然として高い水準にあることは間違いありません。

なぜ日本が、世界でトップクラスの相対的貧困率にあるのか。アメリカでは「人口の1％に当たる富裕層が国民所得の20％を独占している」と言われ、「私たちは99％」というスローガンを掲げた反格差社会デモが広がりました。アメリカ社会は「富の独占」の上に成り立つ、厳しい競争社会なのです。

しかし日本の場合は、事情が違います。日本では「同一労働、同一賃金」の原則がまったく守られておらず、正社員と非正規社員の間に、2倍以上の大きな賃金格差があるからです。しかも、低賃金の非正規社員の比率は高まる一方です。

総務省統計局の「労働力調査」によると、1984年時点で非正規社員の比率は15・3％に過ぎませんでしたが、2019年には38・5％へと拡大しているのです。もちろん、自ら望んで非正規の働き方を選ぶ人もいますが、何らかの事情で一度、非正規になってしまうと、改めて正規社員になることが難しい。そういう日本社会の構造的問題が根本にあるのだと思います。

日本では「働き方改革」の一環として、「パートタイム・有期雇用労働者法」が作られました。この法律が目指すのは、同一企業内における正規雇用労働者と非正規雇用労働者間の〝不合理な〟待遇差の解消です。でも〝合理的な〟格差は認められるのです。

では、「不合理」と「合理的」の違いはどこにあるのでしょうか。合理性は、雇用主の判断にまかされ、法的に明確な根拠はありません。しかも、非正規の場合、単純労働に従事する人たちだけでなく、教員や大学講師などの「知的労働者」ですら、驚くほどの低賃金に甘んじなければならないのです。実際、大学の非常勤講師などの場合、授業の準備時間を含めると、コンビニのバイトとほとんど変わらない時給しかもらっていないケースが多いのです。

格差の拡大は、雇用形態の違いだけが原因ではありません。正規社員であっても、もともと賃金水準が高くない旅行や飲食業界などの業種の人たちは、コロナ禍で収入が激減しました。それればかりか、「現場」にいて社会を支える看護師や流通業務に携わる人たちも、決して恵まれているとはいえない賃金で、高いリスクにさらされ続けているのです。

コロナから身を守る方策の面でも、非正規の人は正規社員と比べ〝差別〟されています。2020年5月、最初の緊急事態宣言が解除された直後の内閣府の調査では、非正規でテレワークを利用できた人の割合は18％と、正規社員の半分以下にとどまっています。社会的な立場が脆弱な人ほど、脅威にさらされているのが日本の現実です。

ギグエコノミーで働く人の悲惨な現実

非正規でも、給与が保証されている場合は、まだマシかもしれません。しかし非正規は、不況になると正社員の雇用を守る〝調整弁〟として扱われ、コロナ禍でも真っ先に首を切られます。2020年10月段階で、日本全体の正社員数は前年と大きな変わりはありませんが、非正規社員数は約85万人も減っているとされています。

こうした彼らが向かうのが「ギグエコノミー」です。企業に雇用されることなく、単発の仕事を〝請け負う〟形での働き方や、そうした働き方で形成される経済のことを指します。

例えば、コロナ禍で職を失った人が向かった先に「ウーバーイーツ」があります。よくご存じのように、その仕事は「出前」です。料理を注文したい人がウーバーイーツのサイトにアクセスし、提携した飲食店の料理を選ぶと、自転車やバイクで配達されるという仕組みです。消費者はクリックするだけで、自分の望むところに料理が届くのです。支払いもクレジットカードやスマホ決済アプリで行います。

一見、便利なシステムですが、「出前」を担う人の待遇が問題です。コロナ禍の最中、「ウーバーの配達員が事故を起こした」ことが数多く報道されたこともありましたが、ウーバーイーツは、配達員を〝雇って〟いるわけではありません。個人事業主として契約しているだけなので、雇用保険も労災保険も適用外です。万一、配達中に事故やアクシデントに遭っても、それに関する補償はいっさいありません。ウーバーは雇用主ではないので、いっさい責任を負いません。

しかも、コロナ禍で外出自粛の時期や、天気が悪く風雨が強いときは、人は外に出たがらないので、注文が殺到します。出前の宿命といえばそれまでですが、その中での配達は大きな危険と背中合わせです。配達の単価は決して高くないので、配達員は、少しでも早く届けて、少しでも件数をこなそうと必死です。

そんな気持ちに冷水を浴びせるように、ウーバー側は報酬の引き下げを一方的にメールで通知し、即実施しました。２０１９年11月のことです。実際の報酬体系は少し複雑なのですが、配達員の収入は、配送距離に応じた基本報酬に加え、配達回数に応じたボーナス分で構成されています。

カットされたのは基本報酬の部分で、配達員が店で商品を受け取った際の「受け取り料金」が３００円から２６５円に、注文した人に商品を渡す「受け渡し料金」が１７０円から１２５円に、そして店から配達先までの距離に応じた「距離報酬」が１キロ当たり１５０円から60円に引き下げられたのです。全体的に細かくカットされ、配達員の手取りは大きく減ってしまいました。

これに対し、配達員たちによって結成された「ウーバーイーツユニオン」は抗議し、団体交渉に応じるように要請しましたが、会社側は「配達員は労働者ではなく個人事業主であるため団体交渉に応じる法的義務はない」として、団体交渉そのものを拒否しました。

配達員は「個人事業主」として働き、配達の件数や距離で「売り上げ」が決まる形になっています。個人事業主なので、最低賃金の保障もなしです。いつ仕事がなくなっても、報酬を値切られても文句は言えません。そこでユニオン側は、低い報酬とどうじに、運営の透明性の欠如なども改善するように求めています。また配達員が業務内の事故によって怪我や病気を負った際の労災保険や医療費の保障、休業を余儀なくされたときの補償なども要求しています。会社側は、配達員の業務上の傷害に対する補償制度を開始しましたが、とても十分なものとは言えないようです。

会社側が強気なのは、ウーバーイーツの配達員は市場における希少性が低い、いわば「誰にでもできる仕事」だからでしょう。「取り替えがきく」からです。

「いつでも、好きなときだけ働ける」というのは、一見「自由」な働き方のように見え、若いうちは人生を謳歌できます。でも低い「労働価値」のまま生きてきて、将来はどうなるのでしょうか。バブル期には、「組織に縛られない自由な生き方」としてフリーターがもてはやされましたが、いま、300万人ともいわれる彼らの多くは正規雇用の道が閉ざされ、年金もほとんどあてにできない状況に置かれています。将来、無年金の高齢者となる可能性が高く、老後の不安を抱えたまま、貧困層として生きていかざるを得ません。

話を戻しますが、ウーバーイーツの配達員は、明らかに非熟練型のサービス業なので、個人事業主ではなく、労働者として扱われるべきではないかと、私は考えます。専門性が高くない人は、賃金や労働環境などに関して、雇用者側と交渉可能な従業員として位置づけ、組合のような形で交渉を認め、生活の安全を守ってあげないと、格差は広がる一方です。

国はこの「ギグエコノミー」問題を放置せず、早急に問題にメスを入れ、「労働者の権利」を守る姿勢を明らかにすべきだと思います。同時に、若者自身もこの問題を他人事として捉えず、理不尽な格差に対して、怒りの声を上げて欲しいと思うのです。

現代の労働は「人権抑圧」スレスレの水準にある

今後、好むと好まざるとにかかわらず、こうしたギグエコノミーという形態の働き方は増えてこざるを得ません。アマゾンなども、いまは配達を宅配業者に委託していますが、その一部をウーバーと同じように、個人事業主のトラックに移そうとするという報道もあります。

労働条件だけではありません。「労働の質」の劣化も問題です。「人権抑圧」といっても言い過ぎでないかもしれません。私の著書『グローバル資本主義の終わりとガンディーの経済学』（集英社インターナショナル新書）のなかでも紹介しましたが、ジャーナリストの横田増生氏がアマゾンの倉庫にアルバイトとして潜入取材し、その実態を紹介しています。詳しい内容は『潜入ルポ　ａｍａｚｏｎ帝国』（小学館）としてまとめられているので、ぜひそれを読んでください。

横田さんがアルバイトとして入ったのは、アマゾンで国内最大といわれる小田原の物流センターです（アマゾンではフルフィラメントと呼ぶそうです）。ここで「ピッキング」と呼ばれる仕分け作業をするのは、すべてアルバイトです。

私が「人権抑圧」ではないかと思うのは、ワーカーがＰＴＧ（パーセンテージ・トゥー・ゴール）という数字で管理されることです。ワーカーはハンディー端末を持たされ、画面には一度ピッキングを終えるたびに、「次のピッキングまであと何秒」という表示が出るのだそうです。この制限時間内にピッキング作業を終えられればＰＴＧが加算され、制限時間よりも遅れれば減算されます。そしてこのＰＴＧの数字は、アルバイトの名前と一緒にランキング形式で貼り出され、成績が悪ければ、アルバイトを管理する側に呼び出され、叱責されるそうです。

ワーカーに指示されるピッキングの制限時間は、近くだと30秒、遠くになると1分30秒というように、商品までの距離をコンピューターが瞬時に計算することで自動的に変わります。もちろん、ギリギリの時間に設定されています。秒単位で機械に管理され、「いつも追い立てられている感覚」だそうです。

横田さんは、ピッキングのアルバイトで歩いた距離を測るために、万歩計付きの時計をはめていました。ある一日の歩数は2万5３０6歩で、距離は20・24キロに及んだそうです。

時給はわずか１０００円。下から順にワーカー、トレーナー、リーダー、スーパーバイザーという階層分けになっていますが、全員がアルバイトで、職位が上になっても、時給が最大で

200円程度上がるだけだそうです。

そんななかで厳しい目標を課され、一日中歩き回らされるのです。産業革命期のイギリスの工場で、生死の瀬戸際まで酷使された労働者と同じような境遇です。俳優・チャップリンが映画『モダン・タイムズ』で批判した、人間がベルトコンベアーになってしまうような〝前近代的〟な労働形態が21世紀のいま、よみがえっているのです。

しかも小田原の物流センターでは、過去に少なくとも5人の死亡事故が発生したと、横田さんは証言しています。また、横田さんが働く直前に起きたアルバイトの死亡事故では、倒れてから救急車が来るまで1時間もかかったと報告されています。その理由は、事故が起こったときの連絡系統が厳密に決まっていて、リーダー、スーパーバイザー、そしてアマゾン社員という順番になっているそうです。その上でセンター内にある安全衛生部や、センターのトップである「サイトリーダー」に連絡して、初めて救急車を呼べるのだそうです。もしリーダーやスーパーバイザーがアマゾン社員に連絡することなく救急車を呼んだりしたら、たちまち叱責の対象になると言います。

何よりの問題は、働く人を人間扱いせず、まるでロボットのような扱いをしている、そして「人間より規則が重視される社風だ」ということです。死亡事故を取材した横田さんに対して、元社員は「人命救助よりも会社の決めた手順を守ることが大事」と語っていたそうです。亡くなった方の遺族に取材したところ、アマゾンに作業員を派遣する派遣会社からの香典3万円が渡されただけで、アマゾンからの連絡はいっさいなく、お悔やみの言葉すらなかったというのです。

こんな「人を人とも思わない」社風は、アルバイトだけでなく、社員に対しても同様です。

2020年3月22日付の東京新聞が、アマゾン正社員の労働環境に関する記事を発表しました。アマゾン・ジャパンの営業職の40代男性に〝仕事ぶりの改善〟を指示して過酷なノルマを課し、その結果、男性は適応障害を発症し、休職に追い込まれたというのです。

アマゾンには、「コーチングプラン」という「PIP（業務改善プログラム）」、つまり期限を設定した課題を与え、達成度を評価するものがあります。「社員をコーチし能力開発を図る」という目的ですが、内実は達成不可能なノルマを課して評価を下げ、退職に追いやることが手段とささやかれています。

この男性に与えられたのは、2か月間に出店業者200社から「当日発送、送料無料」の契約を増やすことでした。男性は必死になって目標を達成しましたが、上司は「書類の上で数字を達成しただけでは目標達成とは認めない」と無茶なことを言い出し、「何をすればいいかは、自分で考えて」と突き放したそうです。そんな面談が続くなかで、男性は適応障害を発症し、休職に追い込まれてしまいました。

これはアマゾンの事例ですが、いまや世界経済を牽引するＧＡＦＡ（「ガーファ」。グーグル、アマゾン、フェイスブック、アップル）の労働環境も大差ないのではと、私は考えています。現場で働く人たちは、創業者やトップたちの優雅な生活を支える単なる「機械のパーツ」でしかなく、現場労働者とトップたちの格差は拡大する一方です。

格差を生み出す資本主義に別れを告げよう

私は、こうした格差の拡大は、「グローバル資本主義」と結びついていると思っています。いうまでもなく、資本主義は、「力と才能のある者が、自由に、最大限それを発揮し、富んでいく社会」ということになっています。しかし現実は、「力と才能」を発揮しようと思っても、自由にそれができない社会になっているのです。

日本の場合も、かつての「一億総中流社会」は、企業の終身雇用制度のほころびとともに、完全に消滅しました。前例がないスピードで人口が減少し、一方で新興国の台頭もあって、かつてのような「右肩上がりの経済成長」はもはや望めません。そこで企業の株主やトップ層は「従業員の雇用」を二の次にして、ひたすら自分たちの利益確保に邁進するようになったのです。他人を蹴落としても自分だけは生き残ろうとする〝強欲な〟精神の持ち主でなければ「力と才能」を発揮できず、弱肉強食の「グローバル資本主義」を生き抜いていけないのです。

フランスのピケティという経済学者が主要国の200年にわたる統計データを分析して、驚くべき発見をしました。景気がよくても悪くても、資本の収益率がずっと安定して5%前後を維持しているという事実です。富裕層は、いつでも毎年5%ずつ、自分の資産を増やしているのです。景気がよいときには、それでも構いませんが、景気が悪くなったらどうするのでしょうか。労働者への分配を減らして、自分たちの取り分を増やすというのが、彼らのやり口です。労働配分率の低さは日本もアメリカも共通で、それが所得格差となって現れているのです。

事実、日本も2012年末に第二次安倍政権が発足して以来、6年間で実質GDPが累積で8%も増えています。それと対照的に実質賃金は5%も低下しているのです。経済のパイが大きくなっているのに、庶民の暮らしが悪化しているのは、ピケティが証明したように、一部の富裕層が成長の果実を独占し、自分たちの富を増やしているからです。

しかも、賃金が減っていくのと反比例するように、働く人たちの労働強化という形につながっているのです。本来、生産性がずばぬけて高くなっているのなら、人々には自由な時間が生まれるはずです。しかし「週休二日」と言いながら、きちんと休暇を取れる人は少なくなっています。リストラに伴う人手不足で、いままで以上の仕事を押しつけられ、労働時間は長くなる一方です。しかもサービス残業になってしまって、賃金には跳ね返ってきません。富めるものはますます富み、そうでない者は貧しくなる一方です。

格差社会を打破し、平等でやさしい社会を目指せ

現在の経済・社会政策は紛れもなく、こんな「強者の論理」で突き進んでいます。「小泉改革」の本質も、いまの菅内閣の成長戦略も、強いものを利し、弱いものをいじめる弱肉強食の社会を作ることです。

規制緩和はその最たるものです。労働者派遣法改正は企業にとって使いやすい低賃金の非正規社員を激増させました。非正規社員の8割は年収160万円以下の低賃金労働です。大店法の規制緩和は、農村に大型商業施設を出現させ、商店街を空洞化させてしまいました。税制面を見ても、大衆には増税を迫る一方で、お金持ちや大企業に対しては減税をしました。

当然の帰結として格差が広がったのです。OECD（経済協力開発機構）の報告書では、日本の相対的貧困率は加盟国中でアメリカに次ぐ2位だと申し上げましたが、その結果、国民健康保険料金を払えない人は4年間で3倍の30万人に増え、4世帯に1世帯は貯蓄ゼロという状態です。私の知る農家は年収200万円で懸命に生きています。その一方で、富裕層や投資家たちは、右から左へお金を動かすだけで億単位の利益を手に入れています。なんたる不平等ぶりでしょうか。

日本の農業がこれほど疲弊したのも、分配がうまくいっていないからです。少なくとも、消

費者が求めている農産物を本気で提供する農家は、税金で支えるべきなのです。

農業は人間に必須の食料を作るばかりでなく、環境の維持・改善、国土保全、保水など、目に見えない役割を果たしています。経済効率の尺度だけでなく、こうした価値を評価する物差しを私たちは持つべきです。政府は大規模農家だけに補助金を出し、農業の集約化を進めようとしていますが、私はとうてい、賛成できません。

確かに、日本の農業は、個人経営で、小規模な農家が大部分を占めています。それを集約化すれば、生産性は上がるかもしれません。しかし、企業が大規模に農業をやると何が起きるのでしょうか。企業の目的は、利益を上げることですから、利益が最優先されます。その結果、どんなスタイルの農業になるのかは、いまの農業グローバル資本がやっていることを見れば、明らかです。詳しくは後述しますが、強力な除草剤の散布と、遺伝子組み換えによる除草剤に耐性を持つ品種の開発、そして収穫後の穀物に農薬をかける「ポストハーベスト」など、消費者の健康を無視した、利益追求のための農業がすでに行われているのです。

いま日本の政府は、日本をアメリカのような国にすることを目指しています。その結果、金持ちだけの居住地域ができ、一方でスラム街ができるでしょう。自殺、犯罪が増え、社会不安が高まります。お金持ちの子どもはエリート教育をほどこされ、一般市民は、はい上がることができない「格差固定化社会」が出現するのです。

富める者が強引な手段で庶民を虐げていく「ハゲタカルール」では駄目なことに、私たちは気づき始めているはずです。いまこそ、もっと平等で優しい社会を目指すべきなのです。

求められるのは、社会全体で新たな「支え合いの仕組み」を構築していくことです。格差が世代を超えて続いていかないように、子どもたちの教育水準の底上げに手を貸していくこと。一生懸命やっても非正規労働者にしかなれなかったり、正規でも低賃金に喘ぐ人たちには、安心して暮らせるよう公費で支える形にしていくことです。

こう言うと、「でもその財源が問題」という声が聞こえてきそうです。そのためには「平等」を徹底する意味で、金融資産や高額所得への課税を強化し、「ハゲタカ」たちが懐に溜め込んだ資産を吐き出してもらう必要があります。法人税率をもっと引き上げて、企業にも内部留保を拠出してもらうなど、応分の負担を求めていくのです。

都会を捨てよう、「グリーンゾーン」に暮らそう

そんな「ハゲタカルール」に対抗するためのアンチテーゼが、マイクロ農業です。私は、これからのライフスタイルは、居住区ごとに三つのパターンに分かれていくと考え、以前から「脱都会」を提唱してきました。

第一は、レッドゾーン地域、つまり大都市に住み続けるというライフスタイルです。第二は

「グリーンゾーン」。大都市近郊の緑豊かな「トカイナカ」に住むライフスタイルです。そして三番目は「本格的田舎暮らし」です。本格的田舎暮らしの件は後述するとして、第一と第二のライフスタイルから説明していきましょう。

現在、都会で生活している多くの人たちは、今後も何の疑いもなく、第一の「レッドゾーン」に住むスタイルを続けていくかもしれません。

しかし大都市住民は、ますます激しくなる格差拡大の波のなかで、二極分化していくはずです。資本主義社会での成功者は、残念ながらほんの一握りです。彼らはタワーマンションの最上階や都心の一戸建てに住み、富裕層のコミュニティのなかで、おしゃれな生活やグルメを楽しんで暮らします。

でも、その富裕層の暮らしを支えるのは、貧しい層です。彼らは富裕層を支えるためのサービスなどを主な業務にして生計を立てるので、彼らの近くを離れるわけにはいきません。高い家賃を我慢して都心に住み続けなければなりません。

でもその生活環境は、富裕層とはまったく異なります。富裕層が広々とした部屋で贅沢《ぜいたく》な家具や調度品に囲まれ、レストランで豪華な食事をし、エンターテインメントを楽しんでいる裏で、彼らに奉仕する層は、ゆっくりと食事をとることもできず、長時間労働に疲れ果て、狭い自分の部屋にたどり着いた途端にベッドに倒れこむという生活を送るのです。

都心の暮らしで生活費は高くなります。でも、それを上回る賃金はなかなか得られません。そのために、低賃金で生涯、単純なハードワークを続けることになるのです。こうした彼らの姿については、前述した通りです。

第二の選択肢は、それほど都心から離れていないけれど、グリーンゾーンで暮らす生活スタイル、つまり「トカイナカ」の暮らしです。大都市近郊や地方の県庁所在地などもこれに含まれます。では、なぜこれがいいのか、順を追って述べていきましょう。

逆「翔んで埼玉」

日本で唯一、岩手県で新型コロナウイルスの感染者が確認されていなかった時期、同県の達増拓也知事が２０２０年４月７日の政府の緊急事態宣言を受けて、「７都府県の方々には他地域への往来を控えてほしい」との談話を出しました。秋田県の佐竹敬久知事も「首都圏から来県する人が増えて感染が広がった。避難や帰省で地方に来ないよう注意してほしい」と話しています。

こうした知事の発言は、東北地方にとどまらず、全国に広がりました。例えば、沖縄県の玉城デニー知事も、宣言の対象地域の７都府県を含めた県外すべてからの沖縄への渡航を自粛するよう呼びかけました。言うまでもなく観光は沖縄県の基幹産業です。その沖縄県でさえ、他県からの来訪を自粛するように求めていたのです。

私自身も、名古屋のテレビ局から、東京のコメンテーターは、スタジオ出演を自粛してほしいと言われて、出演は一時期、東京からの中継になりました。

こうした状況のなかで、私は「翔んで埼玉」という映画を思い出しました。映画のストーリーは、こうです。

昔、埼玉県民は東京都民から迫害されていました。東京との県境には、関所が設けられ、東京に行くには通行手形が必要です。通行手形なしで東京に潜入した者は、強制送還の憂き目にあいます。そこで、埼玉県民が通行手形廃止のために立ち上がるのです。映画には、東京礼賛と埼玉蔑視の場面が、繰り返し出てくるのですが、もちろんこの物語の背景には、社会に広がる圧倒的な東京優位があります。ただ、いまの日本では、真逆のことが起こっているのです。

これまでの日本は、東京の一人勝ちでした。人口移動を見ても、東京圏は24年連続で転入超過が続いたのです。東京が皆のあこがれだったのです。もちろん、東京だけではなく、地方圏のなかでも中核都市への集中が起きて、「田舎の田舎」はどんどん過疎化してきました。

しかし、昨今のコロナ禍で、完全に潮目が変わりました。新型コロナウイルスは、多くの国民が憧れた東京を、そして大都市を直撃しました。実際、全国の感染者数の3分の2が、緊急事態宣言の出された7都府県に集中しているのです。2021年2月22日現在、全国の累計感染者数は42万7256人、そのうち東京都の感染者数は10万9912人で全国の約26%、大阪府は4万6745人で約11%を占めています。死者数で見ると、全国の死者は7562人、東京は1274人で約17%、大阪は1092人で約14%です。

東京や大阪といった感染拡大警戒地域では、イベントの中止や外出の自粛による影響がとても大きく、医療体制の逼迫という危機が迫り、「医療崩壊」という言葉さえ囁かれています。なぜ、そんなことが起きているのか、理由は明確だと思います。人口密度の高い大都市ほど密閉、密集、密接の「3密」に身を置く時間が長く、感染の危険性が大きいのです。昼間人口ベースで見ると、日本全体の平方キロ当たりの人口密度は348人ですが、東京都は7549人と全国平均の22倍、東京都千代田区は7万3162人と全国平均の210倍です。これだけ密集させれば、感染が広がって当然なのです。

典型は大都市で毎日繰り返される通勤や通学の電車です。先日、地方の方と話をしていて言われたのは、地方は、もともと人がまばらなうえに、車での通勤が多いから、人との接触の機会が大都市と比べて圧倒的に少ないということでした。

大都市の感染リスクが高いことは、国民自身もよくわかっています。新型コロナ禍がいつまで続くかわかりませんが、仮に収束しても、それで終わりだとは思えません。「ウイルスの突然変異」が騒がれていますが、また新しいウイルスが登場すれば、また同じことが繰り返されるはずです。そうした事態に、私たちはどう対応したらいいのでしょうか。都会に暮らしている限り、その危険性は増す一方です。

そこで人口流動に大きな変化が生じました。24年連続で転入超過が続いていた東京都の人口が、2020年7月から12月まで6か月連続で転出超過になったのです。転出が転入を上回るのは2012年以来の異例な事態です。1か月当たりの純流出は数千人程度で、まだ小さいものですが、これまで東京一極集中一辺倒できた人口移動の潮目が変わったことは、大きな意味を持つでしょう。

つまり、新型コロナは、日本の大都市集中が限界にあることを突きつけたものだと思います。これまで、世界は金融資本主義を中心に動いてきました。大都市集中はその産物です。そこにやはり「経済の現場」があり、情報が集積されるからです。したがって、世界の都市で「金融センター」と呼ばれるのは、ニューヨーク、ロンドン、東京など、両手で数えられるほどしかありません。

しかし現在は、株式をはじめとする金融取引はネットでもできます。会議もリモートでできます。これまでのように毎日、顔を突き合わせなくても、仕事が回るのだということを、コロナ禍が教えてくれました。無理をして都会にしがみつく必要はなくなり、地方分散が現実味を帯びてきます。企業側でも無駄なオフィス見直しの気運が高まっています。社会全体が、地方分散に舵を切っていくはずです。

しかも、また新しいウイルスが東京を襲ったら、そしてそれが今回とは比べ物にならないほどの規模だったら……日本経済の大ダメージを回避するためにも、大都市集中を改め、一層の地方分散を促進するべきだと思います。

「トカイナカ」というグリーンゾーンで暮らす

「脱都会」「トカイナカ」暮らしは、「コロナ」の災厄から逃れる早道です。人口密度が低ければ、それだけ感染のリスクが減るからです。

私は埼玉県所沢市の西の外れに住んでいます。もう35年以上になります。家から都心まで通勤すると1時間半かかりますが、そこに家を建てた理由の一つは、自分のコレクションを置くスペースが必要だったからです。家賃も分譲マンションの価格も高い東京都心に比べ、埼玉の、駅から離れた場所なら、その10分の1くらいで家が手に入ることも珍しくありません。つまり、はるかに広いスペースが確保できるのです。

極端に言えば、都心から離れた田舎に行けば、地価はゼロになるといっても過言ではありません。例えば地方の中山間地域に行けば、１ヘクタールの畑に家もついて１０００万円以下です。少し頑張ってお金を貯めれば、十分に手が出せる金額です。

もちろん、田舎生活はユートピアではありません。コンビニやスーパーは遠く、夜になると真っ暗になります。祭りや冠婚葬祭、町内会の活動、清掃活動など、共同体の一員として暮らすための「仕事」があります。ときとして近所の人が、自分たちの生活に〝土足で〟踏み込んでくることもあります。人間関係が濃密すぎるので、都会に慣れた人にはわずらわしく感じることも多いでしょう。その点、トカイナカは都会と田舎の中間です。人間関係は、都心から田舎に向かって、都心からの距離に応じて、緩やかに濃くなっていきます。そこで、自分の人生観やライフスタイルに合わせて、都心から適切な距離を取るのがいいと思います。私の場合は、それが「トカイナカ」だったというわけです。

実際に埼玉に住んでみると、住居費以外にも、たくさんメリットがあることがわかりました。家賃も物価も都心より安いので、生活コストが節約できます。

実は、日本の物価は「U字構造」と呼ばれ、東京や横浜がもっとも高く、都心から30キロ〜50キロ圏がもっとも安くなります。そこからさらに遠くに行くと、また高くなるという構造になっているのです。

ではなぜ、都心から離れると物価が安くなるのでしょうか。結論を言えば「価格競争」です。都心は地価などの維持費が高く、それを商品価格に転嫁するため、値引きはなかなかできません。逆に過疎地では、商店そのものが少ないので競争原理が働かず、商品はすべて定価販売で、都心並みの価格になるのです。

しかし、トカイナカなどの郊外では、土地に余裕があるため出店がしやすく、ロードサイドに多くの店舗があり、激しい価格競争を展開しています。統計上で見ると、物価の差は、都心部と数パーセントしか違いませんが、実はこれは棚に載っている通常の商品を比較しただけだからです。

でも特売商品を見れば、その差は一目瞭然です。試しに、都心部と郊外店の価格を比較してみてください。わざわざ行かなくても、ネットで「特売品」を検索してみてください。特売品の種類はお店によって異なりますが、劇的に安くなります。我が家では、「ここぞ」とばかりに買い求めてストックしておきます。

買い物ついでに言えば、最近、郊外に多くできているアウトレットにも自転車で行けますし、また、近くの畑で取れた新鮮な野菜が農家の庭先の無人の販売所に並べられ、100円で買うことができます。少し足を延ばせば、清流での川遊びや河川敷でのバーベキューも可能です。

ただし、「トカイナカ」のウイークポイントは〝ダサイ〟というイメージの問題でしょう。

確かに埼玉は「ダサイタマ」と、東京の人からバカにされる傾向がありました。

しかしブランド総合研究所が発表した2019年度の「地域版ＳＤＧｓ調査」では、生活満足度の1位は千葉県でした。

この調査は、各都道府県の住民を対象に、「満足度」「土地への愛着度」「定住意識の強さ」などを答えてもらうというものです。「満足度」は「あなたはいまの生活に満足していますか?」という設問に対し、「とても満足」から「まったく満足していない」までの5段階を選んでもらっています。

2位は兵庫県、3位は埼玉県と愛知県、5位が滋賀県と福岡県という具合に、大都市近郊の県が上位を独占したのです。一方、大阪府は24位、東京都は28位です。ちなみに島根県が45位、青森県が46位。最下位47位は秋田県でした。

ただ翌2020年度の調査では、コロナ禍による心理的な影響もあったようで、関東の諸県は軒並み順位を落としてしまいました。でも私は、根本的にトカイナカに住んでいる人の満足度が高いことを疑っていません。次回の調査では、必ず順位を上げてくると思っています。

その理由は都市にも自然にも近いので、「バランスが取れているから」です。それだけでなく、人間関係もほどほどです。大都市のマンションのように「隣の人の顔も見たことがない」ということもありませんし、地方のように、隣人が勝手に入ってくるということもありません。タクシーが流していることはありませんが、電車やバスなどの公共交通機関は、そこそこの頻度で走っています。病院や介護施設も充実しています。

老後を安心して暮らすためには、公的年金の範囲内で基礎的な支出が賄えなければなりません。そのためには、家計の設計を変えていくしかないのです。しかし、公的年金が目減りする中で、家計をダウンサイジングするのにも限界があります。物価や家賃が高い大都市で、そうした生活は難しいでしょう。

しかし、生活コストが安いトカイナカなら、十分にやっていけます。普通の年金生活者なら所得税や住民税は非課税でしょうし、健康保険料や介護保険料も、そう大きくありません。高額療養費制度があるので、莫大な医療費も心配しなくてすみます。つまり、家さえあれば、食べて暮らしていくためのコストは、そうかからないのです。

そして、せっかく土地があるのだから、そこで野菜を育てるようにするのです。そんな形でマイクロ農業を試みれば、生活コストは、さらに減っていくでしょう。

だから私は、定年後はトカイナカに住むのがいいと考えています。いま、トカイナカの中古住宅は値下がりしています。一戸建てでも、駅からバス利用の物件なら、1000万円を切るような、驚くほど安い物件がたくさんあります。トカイナカ暮らしを始めるのには、いまは大きなチャンスの時期なのです。

本厚木が「住みたい街ランキング」1位に

不動産・住宅情報サイト大手のライフルホームズが、コロナ禍での住宅需要の変化を知るために緊急で行った調査（首都圏対象分・２０２１年版）で、「借りて住みたい街ランキング」の１位に神奈川県の本厚木が選ばれました。都心から50キロほど離れた圏央道周辺のトカイナカ暮らしを推奨し続けてきた私にとっては、とてもうれしい結果でした。というのも、本厚木の駅から直線距離で最も近い高速道路のインターチェンジは、圏央道の海老名インターチェンジだからです。本厚木は、都心に出るためのコストが比較的安価で、所要時間も短いにもかかわらず、自然に恵まれた町です。

本厚木以外にも、４位の八王子はまさに圏央道沿いですし、２位の大宮、３位の葛西、６位の千葉など、圏央道より東京寄りであるものの、東京から少し離れた郊外が、ベストテン上位に並んでいます。

一方、２０２０年２月発表の調査で４年連続１位だった池袋は５位に、これまで若者の人気を集めてきた三軒茶屋は６位から16位にランクダウン、同じく９位だった吉祥寺は18位にランクダウンしています。コロナで大きな変化が起きているのは、確実なのです。

都心から少し離れた郊外人気の高まりは、いったいなぜなのでしょうか。

最大の理由は、新型コロナウイルスの感染リスクでしょう。「国勢調査」で、昼間人口の平方キロメートル当たりの人口密度をみると、東京23区と武蔵野市、三鷹市は１万人を超えています。それに対して、神奈川県は３４４５人、埼玉県は１７１３人、千葉県は１０９８人と、けた違いに少なくなっているのです。新型コロナウイルスは、密になるほど感染リスクが高まることが知られていますから、人口密度が低い郊外のほうが感染防止に有利なことは、間違いありません。実際、これまでの新規感染者数を見ても、東京が圧倒的に多いことは、すでにご存じの通りです。

郊外人気の第二の理由は、豊かな自然です。厚木には里山の風景を残し、バーベキューもできる七沢森林公園をはじめとして、自然を楽しめるスポットがたくさんあります。都市にも公園はありますが、大自然を活かしたものは、郊外に行かないと、なかなか存在しないのが現実なのです。

さらに、もしかしたら最大の理由かもしれないのが、家賃です。ライフルホームズのサイトで家賃相場を見ると、東京都心の新宿駅周辺では、3LDKの家賃相場が56万7300円となっているのに対して、本厚木の家賃相場は11万8000円と5分の1なのです。確かに都心部のほうが、雇用機会が多いのは事実です。特に年収の高い雇用機会は大都市中心部に集中していると言ってもよいでしょう。しかし、都心から50キロ圏にも、多くの雇用機会があります。都心部に供給する食料品などを製造する工場や物流拠点が多く立地しているからです。問題は、賃金水準が高くないことですが、家賃だけでなく、物価も安いので、高い年収を稼がなくても生活は十分できるのです。

ただし、郊外が一律に人気になっているわけではありません。本厚木が人気を集めたのは、始発駅だということも影響しているのだと思います。本厚木からは、多くの始発電車が運行されているので、座って通勤ができます。しかも小田急線は、東京メトロの千代田線に乗り入れているので、都心まで座って通勤することも可能です。特急料金は必要ですが、特急だと本厚木から霞が関まで直通で一時間ちょうどで到着します。

私の家も西武池袋線の始発駅にあるのですが、始発で座っていけるということには、ずいぶんと助けられました。ゆっくり本を読んだり、パソコンで原稿を書いたりできますし、前の日に遅くまで仕事をしていたときは、睡眠不足を補うために寝ていることもしばしばでした。不思議なことに、電車のなかでは、よく眠れるのです。

交通面で、本厚木のもう一つのメリットは、高速道路に近いということです。先にも述べましたが、圏央道の海老名インターチェンジが近いだけでなく、東名高速や小田原厚木道路の厚木インターチェンジもすぐ近くにあります。そのため、どこかにレジャーで出かけるときは、とても便利です。いまは、コロナのせいで、高速道路の渋滞は、それほどありませんが、平時だと東京を脱出するまでに相当時間がかかってしまうので、厚木発のドライブはとても有利なのです。もちろん、東京に出かけるときも、東名高速を使えば、それほど時間をかけずに到着することができます。

こうした要因を考えていくと、本厚木がだてに1位を取ったわけではないことが、よくわかります。ただ、逆に言えば、こうした条件を満たす郊外は、他にもたくさんあります。本厚木は人気が高いため、同じような条件を持ちながらもっとリーズナブルな価格で賃貸や購入できる場所を探すというのも、住まい選びの一つの方法になるのではないでしょうか。

トカイナカなら、適度な「助け合いネットワーク」が作れる

トカイナカは、本格的な田舎ほどではないにせよ、大都市に比べれば、人間関係が濃密です。特にマイクロ農業を始めると、いやでも周囲と関わらざるを得なくなります。なかにはこれが嫌だという人もいますが、どっこい、これはこれで楽しいものです。

先ほど、近所の人が余った農作物を持ってきてくれるという話をしましたが、専門の農家の人も、農協に出荷できない野菜を分けてくれたりします。形が多少悪いだけで、味は驚くほど美味なのに、出荷ができず、自分の家でも食べきれないので、おすそ分けしてくれるのです。

最初は恐縮していましたが、そのうちに遠慮なくいただくことにしました。経済的にも助かりますし、なにより、その気持ちがうれしいのです。いざ災害が起きたときの「助け合いネットワーク」にもなります。

都心部で生活していると、こうした「助け合いネットワーク」に巡り合う機会は、あまりあ

りません。ご近所さんと「ありがとう」「どういたしまして」と声を交わす機会なんて、ほとんどないのではありませんか。田舎のように濃密でなく、適度に親しく、それ以上は踏み込まない人間関係は、実利もさることながら、人生を豊かにしてくれます。

グリーンゾーンなら「お受験」の悪習から抜け出せる

コロナ禍が一段落したかに見えた2020年秋、東京23区だけが全国で唯一、基準地価が上昇しました。都心の土地面積が十数坪という狭小住宅も人気になっています。

その理由は都心の勤め先の近くに住んで、そこから自転車通勤したら、コロナ感染も心配しなくていいという発想らしいのです。これは一理ありますが、でも、そんななかで子育てできるものなのでしょうか。

都心部に住む人たちを見ていて、特に私が違和感を覚えるのが「お受験」です。有名私立幼稚園、小学校に通わせようと、子どもにブランドものの服を着せ、親も面接のためのトレーニングに励みます。しかし、多額のお金を投下してお受験をさせることは、子どもに小さいうちから「見栄」の気持ちを植えつけることになると思います。

たとえ有名幼稚園から大学までエスカレーター式に上がっていっても、それで本当に子どもに「生きる力」が身につくのでしょうか。

昔は、よい学校を出て一流企業に就職したら、それで一生安泰と言われたものですが、これからはそんな時代ではありません。一流企業でもたちまち傾く時代になって、リストラの嵐が吹き荒れることが多くなっています。他社に買収されてラインから外され、冷や飯を食うことも少なくありません。定年まで同じ会社で働く「終身雇用制度」は、完全に過去の遺物になっているのです。

そんな時代に、エスカレーターで大学まで進んだ子は、どうなるでしょう。育ちのよい、おっとりした子に育つでしょう。人格面を考えれば、とても素晴らしいことです。

しかし「実社会で求められる力」を考えたとき、いささか疑問符がつきます。これから社会に出て求められる能力は、いままでのように「頑張れる力」ではなく、「どんなに頑張っても自分の力ではどうにもならないときに発揮できる力」です。それは、「冷静に状況を観察できる力」であり、また「柔軟に発想が転換できる力」です。

実はこうした能力は、多様な経験のなかでこそ育まれるものなのです。小学校はともかく、一般には中学校、高校、大学と進むにつれ、各地から集まってきた友人と出会うはずです。そうした友人がなぜ尊いかと言えば、それは、もしかしたら自分にはない能力や発想、考え方を持っているからです。人間は、そういう〝異分子〟と出会い、交流することで能力が磨かれていくのです。

しかし一貫式エスカレーターの学校社会では、同質の人間ばかりが集まって、異分子と出会うことは少ないでしょう。これでは、これからの社会に即応できる能力が育つとは思えないのです。

完全実力主義の社会になったいまもなお、相変わらず昔型の発想にこだわり、「名門幼稚園」「名門小学校」へと考えるのは、合理性を欠くように思えてなりません。これも都市一極集中の弊害と言えるでしょう。

私が住むトカイナカの教育環境は、そんな都心部とは正反対です。近くにお受験をするような名門校がないからです。住民はほとんどが中流層で、同じような生活環境にいますから、見栄を張って競い合う必要がありません。

お受験の代わりに、近くの畑で土いじりをする子どもたちも少なくありません。いまでもヘビやカエル、トカゲ、コウモリが姿を見せ、珍しいとも思いません。都会では考えられないような自然環境ですが、何も「生き物図鑑」で見なくても、すぐそこで本物が見られるのです。

植物も同じです。先日テレビで、「ニンジンの葉っぱはどれでしょう」「ネギの花はどれでしょう?」というクイズがありました。トカイナカの子どもたちは、みんな答えを知っています。通学路の周りにいくらでも植わっているからです。

自然のなかで生きること、それはどんなにお金を出しても、都会では不可能なことです。例えば都心部では、庭に木を植えられる家庭は、相当の大金持ちしかありません。でもトカイナカなら、そんな贅沢が平気でできるのです。

援農ボランティアで農業に親しむ

さて、これまでトカイナカで始めるマイクロ農業のメリットを挙げてきましたが、実際にどうすればいいのかと疑問を抱くこともあるでしょう。それは難しいことではありません。近くに手頃な農地さえ確保できれば、すぐに始められます。

しかし、いままでまったくやったことがないので「いきなりは無理」と思う方もいるでしょう。そんな方におすすめなのが「援農ボランティア」体験です。

援農ボランティアは、都市と農村の交流を深める目的で行われていて、都会に住む人が宿泊場所や食事を提供してもらい、代わりに農作業を手伝うもの。宿泊場所や食事は提供するから農作業を手伝ってほしいという農家は非常に多く、双方をマッチングして農業に触れてもらおうという試みは、さまざまなところで行われています。

援農ボランティアに参加する一番のメリットは、プロの農家の仕事を間近で見られる点です。なんとなく「作物を育ててみたい」と思っていても、実際に畑に行かなくてはイメージすることが難しいでしょう。もちろん家庭菜園などを利用し自分で野菜を栽培することはできますが、プロだからこその野菜作りの経験や知恵は、当事者からしか教えてもらえません。「猫の手も借りたい」という言葉がありますが、農家は繁忙期に力を貸してもらえればありがたい、一方、若者やマイクロ農業を志すシニアは、無料で農業のイロハに触れられ、里山体験ができるというわけです。最近は若い人だけでなく、定年後で時間があるシニアにも人気です。

基本的に交通費は自己負担ですが、週末の2日か3日、果樹や野菜の収穫や稲刈り作業にたずさわるなど、プロの農家の指導のもとで農作業を体験でき、就農希望者だけでなく、農作業を学びたい、楽しみたいという人も農業と関わることができます。情報交換の場として有効です。

農家と一緒に生活し、一般的なサラリーマンのような働き方や生活スタイルとは違った生活を体験することも、面白い経験となるでしょう。

援農ボランティアは、各自治体の農政課などで募集をしています。まずはボランティアとして登録し、条件がマッチングした農家を紹介してくれることが多いので、問い合わせてみるとよいでしょう。

また例えばJAグループの「一般社団法人全国農協観光協会」では「快汗！猫の手援農隊」という援農ボランティアの募集や、自然体験交流のできる「グリーン・ツーリズム」の企画を行っています。繁忙期など一定期間に手伝いをするタイプや、週末のイベントタイプに分かれるようですが、本格的に農業を志す人のなかには、長期間にわたるボランティアを望む人も少なくないようです。この場合、作業時間や内容などは農家とボランティアで直接話し合って決めることが多いようです。

また、本格的に農家になりたいと思っている人は長期間にわたってボランティアをしてみることで、農家の人の暮らしぶりも見ることができ、転職後の自分がイメージしやすくなるはずです。

「住み開きの思想」で地域の人たちと触れ合う

「住《す》み開《びら》き」という考え方があります。「日常編集家」を名乗るアサダワタルさんという方によって提唱された概念で、『住み開き　家から始めるコミュニティ』（筑摩書房、ちくま文庫）という本も出版されています。

「住み開き」とは、自分の住居や個人事務所といったプライベートな空間を、本来の用途や機能を保ちながら、一部を限定的に開放することによって、セミパブリック化させる活動のこと、またそうした使われ方をする拠点のことです。子どもが独立してできた自宅の空き部屋や、事務所の空間、改築によってできたスペースをカフェやギャラリーとして開放し、近隣の人たちに楽しんでもらおうというもの。いろいろな用途に使用でき、新しいコミュニケーションの場となっています。

私は著者の造語である「住み開き」という言葉も知りませんでしたし、もちろん単行本も読んでいませんでした。文庫版になったのを機に読んでみてとても驚いたし、いままで知らなかったという自分の勉強不足を深く反省しました。

この本は、著者の取材に基づく住み開きの37件の事例紹介と著者自身のコラム、そして4人の識者との対談で構成されています。そのなかで大部分を占めるのは、事例紹介です。

住み開きというのは、自宅の一部を開放して、そこに新たなコミュニティを作る活動で、種類は、シェアハウス、シェアオフィス、セミナーハウス、ライブハウス、画廊、博物館、水族館など実にさまざまです。一つの部屋で複数の活動が行われることも、ごく普通にあります。

ただ私なりに総括すると、そこで行われているのは、アーティストとしての活動なのだと思います。アートというと、絵画とか音楽とか陶芸のようなものを思い浮かべてしまいがちですが、私のいうアートの範囲はもっと広いものです。住み開きをすると、必ずそこにコミュニティが生まれます。そこで、自分がどのような表現者となるのかというのが、その人のアートなのです。アート作りは、生みの苦しみもありますが、何より楽しいです。だから多くの人が住み開きに挑むのです。

個人的には、洞窟の博物館と淡水魚の水族館の事例が興味深いものでした。私も自宅近くで、

Ｂ宝館という博物館をやっているからです。単なるコレクションと思われるかもしれませんが、何を集め、どのように展示するのかというのは、その人だけの自己表現なのです。私は入館料をいただいて運営していますが、それでも来館者とのコミュニケーションが生まれて、実に楽しいのです。

ただ、私の一生の不覚は、自宅とは別に博物館を作ってしまったことです。自宅以外だと、土地の固定資産税が6倍に増えてしまうからです。そこでいま、私は莫大な固定資産税を支払うために〝出稼ぎ〟を続けています。この本を先に読んでおけば、その事態は回避できたはずなのにと、悔やまれてなりません。

自宅の一部を開放するだけで人生は変わります。それはむずかしいことではありません。昔はどの家でもやっていたし、地方ではいまでも行われているからです。

ちなみに、私が運営しているＢ宝館を簡単にご紹介します。延べ床面積は２００坪、そこに私が50年以上かけて集めた60カテゴリーのコレクションが12万点展示されています。東京国立博物館は所蔵が10万点ですから、すでに国のレベルを超えています。Ｂ宝館のＢは、「Ｂ級で、ビンボーで、おバカだけれど、ビューティフル」のＢです。例えば、ミニカー、グリコのおまけ、コーラの空き缶、世界中で売られているヤクルトの空き容器、歴代のチョコボールのおもちゃの缶詰、歴代のウォークマン、携帯電話、デジタルカメラ、ドラえもん映画の入場者プレゼント、ドロップ缶、アイスクリームのパッケージ、爪楊枝、しょうゆ鯛、消費者金融のティッシュ、携帯電話会社のノベルティーグッズ、鉄道模型、飛行機模型、貯金箱などが展示されています。世界で私しか集めていないものも、たくさんあります。例えば、有名人ダジャレグッズコレクションです。キャメロン・ディアスがサインしたキャラメル、トム・クルーズがサインしたルーズリーフ、安倍前総理がサインした信号機（あべシンゴー）、谷村新司さんがサインした真珠など、総勢600人の有名人のダジャレグッズが揃っているのです。

B宝館を始めた理由の一つが、世間に対する不満でした。例えば、中世の宗教画のコレクションが美術館にやってくると、大行列ができます。ただ、私は「本当にわかっているんだろうか」という疑問を持ってしまうのです。それよりも、我々がどんどん捨ててしまっている日用品のなかに本当の美が存在するのではないかと、私は考えているのです。タレントのヒロミさんは、B宝館の映像をみて、「きれいなごみ屋敷」と評してくれました。そうなんです。ゴミのなかにも、美は存在するのです。

B宝館は、毎月第一土曜日のみ開館しているのですが、毎回50人ほどの人が来てくれます。なかには、メキシコやシンガポールなど、世界から足を運んでくれる人もいます。私のコレクションの感性に共鳴してやってきてくれる人たちとの交流はとても楽しいものです。

2020年は爆発的にコレクションの数が増えました。コロナ禍で巣ごもりが広がるなかで、多くの人が家の大掃除をしたのですが、その際、長年にわたってコレクションしてきたものを、奥さんから「捨てなさい」と言われた人が続出したのです。捨てるにはとても忍びないと考えた人がどんどんコレクションを持ち込んできたのです。私は「難民救済」と呼んでいるのですが、その難民は２０２０年のたった1年間で、およそ1万点にも及びました。

もちろん住み開きには、さまざまなパターンがあってよいのですが、私は住み開きとマイクロ農業を組み合わせるのがよいと思っています。なぜかというと、農業には繁閑があるからです。春から秋にかけて、畑はそれなりに忙しいのですが、冬は暇になります。また、夏場は、朝の5時くらいから作業を始めて、8時過ぎには作業を終えてしまいます。日中は、暑くて仕事にならないからです。そうした農業の空き時間にやる楽しみが住み開きなのです。

実際、私はコロナの自粛期間中、ずっと畑かB宝館にいました。巣ごもりで精神的に追い詰められた人も多かったようですが、私は毎日が楽しくて仕方がありませんでした。

コラム　東京暮らしと田舎暮らし家計費を比較してみると

首都圏の大学を卒業し、大学院で会計学を学びながら東京で環境NPOの有給スタッフとして働いていた高木史織さん（33歳）が「地域おこし協力隊員」（注）として、福島県二本松市東和地区に着任したのは2014年5月のこと。

そこでまず気づいたことは「東京では家賃と食費を払うために働いていた」ということだ。高木さんは得意のイラストをいかして、地域おこし協力隊ニュースレター「おにぎり新聞」を発行していたが、その第2号では自分の「おサイフ事情」を公開している。

高木さんは東京では新宿から電車で10分ほどのアパートで暮らしていた。1月当たり家賃は6万円、携帯代が1万5000円、食費が1～2万円で交際費も2～3万円かかり、月々の生活費は15～16万円にのぼっていた。当時の給料はほぼ生活費に消えた。

一方、二本松市に来てからは、家賃は2万円（市の補助あり）、野菜は東和地区の農家の方々からいただくことが多く、肉、魚、卵は購入するものの食費は5000円～1万円、交際費もその程度に減った。車が必要になって新たに毎月2万円のローンを支払うようになったが、それでも生活費は月7～8万円と、東京暮らしから半減した。

高木さんは「おにぎり新聞」のなかで「お金を稼ぎ、ほしいものを買う貨幣経済」のほかに、「自給自足などで必要なものをまかなう自分経済」があると書いている。そして「田舎で暮らすと『自分経済』を作れるのでは？『余地』というか、生きていく幅が広がっておもしろい」とも……。

高木さんが地域おこし協力隊任期中に制作し地域に配布した「おにぎり新聞」

高木さんは地域おこし協力隊の任期を2017年4月に終えたのち、現在は出身地の宇都宮市に住んでいる。任期中から業務委託を受けていた福島県のデザイン会社の仕事を受注するかたわら、フリーランスの編集者として、インタビューやWebライティングなどの仕事に携わっている。「農家と畑とあなたをつなぐ」がモットーだ。

（注）2009年度に総務省が創設した事業で、若者が都市部から地方に生活拠点を移し、農林水産業、地場産品の開発・販売・PR、住民の生活支援などの活動に従事する。任期はおおむね1年以上3年未満。

第2章

都会脱出でマイクロ農業
それがコロナ時代の新しい生き方

グローバル資本主義がもたらす災厄

新型コロナウイルスの感染が急速に広がり、経済的にも、生活の面でも、世界中の人々がとても厳しい状況に置かれています。ただ、私は、こうした大きな災難が生まれたのは、行き過ぎたグローバル資本主義への警告ではないかと考えています。

まず第一は、新型コロナウイルスの感染スピードが今回とても速かったのは、グローバルな人の往来が格段に増えたからです。かつてのように人々の仕事や生活の大部分が、地域内で完結していたような時代であれば、新型コロナウイルス感染症は、単なる武漢の「風土病」で終わっていたかもしれません。しかし今回は、世界の大多数の国が出入国に制限を設けざるを得なくなってしまいました。新型コロナウイルスが「これ以上、経済が大規模化・集中化すると、地球はもたないぞ」と警告してくれているようです。

第二は、グローバル資本主義が、大都市一極集中を促進するということです。東京圏へは24年連続での転入超過が起きていたと述べましたが、新型コロナウイルス感染の大部分は大都市で発生していること、あまりに人口を集中させ過ぎたことが被害を大きくしていることは、すでに述べた通りです。

なぜ大都市一極集中という現象が起きるのかといえば、そのほうが、経済効率が高いからです。『資本論』でマルクスが指摘したように、資本が利益を生むためには大量の労働力が不可欠です。そこで地方から都会に労働力を集め、工場や作業場の近くに住ませようとするのです。これが前述した「レッドゾーン」です。

ただ、大都市への集中は地価の高騰につながり、それは当然、家賃にも跳ね返ります。都心部の家賃は1DKでも驚くほど高く、月収の半分以上という場合もあります。低所得層が支払える限界スレスレで、彼らは家具もろくに置けない狭い部屋で、朝早く部屋を出て、夜遅く帰るという生活を強いられるのです。

それでも、都会に職を得られているうちは、まだよかったかもしれません。突然襲ってきたコロナ禍で、一夜にして職を失い、たちまち家賃の支払いに困るといった例が相次ぎ、食べるものにも事欠く例があとを絶ちません。「貧困」や「下流」はもはや他人事ではなく、誰にでもすぐにでも、転落の危機が訪れるかもしれないのです。

私は、こうした人たちが〝人並み〟の生活を取り戻すために、国や自治体が手厚い支援を施すべきだと思っていますが、その反面、個人も救済の「公助」を待っているだけでなく、「脱都会」を志向してグリーンゾーンに移り住み、そこで職を探すことを考えてみては、と提言します。もちろん、トカイナカはユートピアではないので、都心部ほど職種が豊富ではなく、必ずしも希望にかなうとは言えません。ですが、都心よりはるかに暮らしやすい。都心にしがみついたまま絶望にうちひしがれているよりは、はるかに展望が開けるかもしれません。コロナ禍はそんなふうに「踏ん切りをつけなさい」と催促しているのかもしれません。

第三は、グローバルな資材調達の問題です。グローバル資本主義での大原則は、世界で一番コストの安いところから、大量発注で仕入れし、利益を確保するというものです。

ところが、新型コロナウイルスの影響で、そんなサプライチェーンの仕組みに破綻が生じました。コロナ禍で中国の工場が閉鎖され、部品の生産が滞ると、中国製部品を使用している日本のメーカーが製造を継続できなくなってしまうのです。実際、日産自動車は、中国製部品の調達ができないことで、主力の九州工場を2日間操業停止にしました。タカラトミーは、中国生産の滞りなどを理由に21年3月期の連結業績予想を、利益半減へと下方修正しました。そもそも、慢性的なマスク不足を招いたのも、マスク製造の大部分を中国に依存していたからなのです。

中国ばかりではありません。コロナ第三波がヨーロッパで猛威を振るった2020年の冬、ホンダはイギリスとフランスの工場を操業停止にしました。ここでも、グローバル化のリスクが表面化したのです。

さらに、グローバル化は、別の問題も発生させました。それは海外からの観光客、つまりインバウンド需要に頼っていた旅行業界やサービス業の苦境です。海外から人が訪れなくなって、日本の有名観光地はどこも青息吐息。だからこその「Ｇｏ Ｔｏトラベル」なのですが、「観光立国」などというお題目に踊らされているだけでは、先行きは危ういということの証明でしょう。

第四の問題は、金融所得の喪失です。いまや世界の富裕層で、働いている人はほとんどいません。値上がりが期待できるビジネスや金融商品に投資して、カネにカネを稼がせているのです。

ところが、２０２０年3月には、新型コロナウイルスの感染拡大を受けて、世界の株価が大暴落を起こしました。暴落は、株にとどまらず、原油、仮想通貨など、あらゆる金融商品に広がりました。その後、株価は元に戻っていますが、私は２０２１年には本格的なバブル崩壊が訪れるとみています。そうなれば都心の商業地も暴落に見舞われるでしょう。富裕層の多くが、借金を利用して投資をしているので、彼らの多くが今後、破産者になっていきます。投資した金融商品は値下がりしても、借金は値下がりしないからです。これまで、若者たちの憧れの的であった富裕層のメッキがボロボロとはげていくのです。

人類に襲いかかる新しいウイルスは、今回の新型コロナウイルスで終わりません。また新しいウイルスが、次々に襲ってくるでしょう。このままいったら、そのたびに世界に感染が広がって、経済や暮らしが深刻な影響を受けることになります。

キーワードは「地方分散」

つまり、新しい時代での理想的な社会のあり方は、グローバル資本主義の基本理念である「大規模・集中・集権」を排除し、「小規模・分散・分権」に転換することです。

これまで大都市集中が進んできたのは、木材や農産物の市場開放によって、価格が下落し、農業や林業だけでは生活ができなくなって農村のコミュニティが崩壊し、大都市へと人が流出していったからです。

それに加え、生産拠点の海外移転に伴い、地方にあって地域経済の核になっていた工場が閉鎖され、地方での雇用の機会が失われてきたからです。

現代社会では、たとえ農業で食べ物は確保できても、社会保険料や光熱費、教育費などを支払う現金が不可欠です。私の友人が田舎に移住して、自給自足生活をしましたが、自給自足でも夫婦二人で毎月10万円程度の現金が必要だと言っていました。しかし農業や林業だけでは、それを十分賄う収入を得ることができません。そこで若者たちは故郷を捨て、都会へと向かわざるを得なくなったのです。

一方、政府がとってきた政策は、一部の農業の担い手に農地を集約して農業基盤を整え、農家の収入を高めることでした。そうすれば農業だけで生活できるだろうという考え方です。

しかし、それでは確実に、国土が荒廃してしまうのです。というのは、日本の小規模農業は、里山と共存し、山に入って自然の恵みを得るとともに、炭を焼いたり、間伐をして木材を育てたりして現金収入を得て生活してきたからです。そんな形で山を守り、環境を保全してきたのに、大規模農業に農地を集約してしまうと、その伝統的習慣が失われ、里山、ひいては農村全体が荒廃してしまうことが確実なのです。

「隣人の原理」に包まれて生きる大切さ

現代の大規模農業は「収益」を目的としています。労働の対価として収益を求めるのは当たり前と言えば当たり前ですが、それが行き過ぎると、肝心の「食の安全」が損われてしまう恐れがあります。

現にアメリカでは、生産性を向上させようと、雑草を除去するために、植物を軒並み枯れさせてしまう除草剤を空中散布し、農業の効率化をはかっています。除草剤は「雑草」だけを狙い撃ちするのではありません。その一帯の植物を根絶やしにしてしまいます。すると生態系が破壊され、花も草も虫も死んでしまいます。しかも除草剤を空中から散布するので、自分の土地ばかりか、周囲の農地にまで影響を及ぼします。

また、肝心の農産物を枯らせないために、その除草剤に耐性のある遺伝子組み換え作物を育て、それが大量に市場に出ているのです。

栽培過程で使用された農薬の一部が、農産物に残留することも考えられます。また、果物などを輸出する場合、品質劣化を防ぐために、収穫後に防虫・防カビ剤などの農薬を噴霧し、それが果物に残留し、私たちの体内に入る「ポストハーベスト」の問題もあります。

そうした食料が安全であるはずはありません。ところが私たちの多くが、それを知らず、口にしている可能性があるのです。アメリカだけでなく、日本も大規模農業を推し進めれば進めるほど、効率優先になって、その轍を踏まないとも限りません。

高齢化社会に伴う「農業の空洞化」については後で述べますが、今後の日本に大規模農業が必要だとしても、それで日本の農業が継続できるのか、危惧されてなりません。

それでは、今後私たちは、どうしたらよいのでしょうか。私は、グローバル資本主義を捨てて、ガンディーの経済学を取り入れた経済構造やライフスタイルを実現すべきだと思っています。そのために私は『グローバル資本主義の終わりとガンディーの経済学』という本を書いたのです。

インド建国の父・マハトマ・ガンディーは、地方への工場誘致や自由貿易に反対しました。私は、経済学がわかっていないからそんなことを言うのだと思っていました。しかし、それは誤りだったのです。

ガンディーは、世界中の人がどうしたら幸せになれるのかを考え抜いた結果、「隣人の原理」にたどり着きました。皆が近くの人を助ける行動に出るのです。近くの人が作った食品を食べ、近くの人が作った服を着る。そして近くの大工さんが建てた家に住む。そうした小規模分散型の経済を世界中に広げていけば、貧困で苦しむ人はいなくなるだろうと、ガンディーは考えたのです。まさに「地産地消」で、グローバル資本主義への明確なアンチテーゼなのです。

本当にそんなことができるのかと思われるかもしれませんが、こうした小規模分散型の経済というのは、かつての日本の農山漁村では、ごく普通に行われてきたことで、実現可能性は十分です。実際、いま地方への移住を模索する若者が急速に増えています。都会で精根使い果たすまで働いても、幸福が得られないことに気づいたからです。それよりも、おいしい空気と水と食料に恵まれ、人々も優しい農山漁村で暮らしたいと考えているのです。しかし、移住を実現できた人の数は、さほど増えていません。それは、生きていくためにどうしても必要な現金を稼ぐ手段が、農山漁村ではなかなか得られないからです。

ただ、高齢層の場合は、事情が異なります。年金というベースを手にしているのですから、日本中どこに居住地を求めても自由なのです。

実は私自身が、都心から50キロほど離れたトカイナカで暮らしているのは、農山漁村に住むほどの根性がないからです。それでも、都会と比べたら、はるかに豊かな自然と優しい人たちに囲まれて暮らすことができています。今回の災厄は、もう一度将来のライフスタイルを考え直す絶好の契機になるはずです。

地産地消の「エシカル消費」に舵を切ろう

繰り返します。農薬まみれや遺伝子組み換え食品から身を守る道は、「隣人の原理」を大切にして農業や工業に取り組んでいくことです。近くの人が作った食べ物を食べ、近くの人が作った服を着て、近くの大工さんが作った家に住む……そうした地域に根づいた小さな経済の輪が、大量生産・大量消費のグローバル資本主義からの防波堤になるのだと思います。「どこでどう作られたかわからない」「どんな工程でできたかわからない」ものに頼るのは極力やめて、「地産地消」の考え方に、生活の基本を転換していくことです。

とはいえ、いますぐグローバル資本主義を完全に捨て去るのは不可能です。明日から全国民が地方に移住し、農業に従事できるはずはありません。

現実的な解決策は、従来の日本の農業を守るとともに、多くの人が「最低限の食べ物は自分で作る」という意識を持つことです。マイクロ農業は、その嚆矢《こうし》になるものだと思います。「エシカル消費」という言葉があります。直訳すれば「倫理的消費」という意味になります。人や地球を守るために、みんなにとって望ましい形で消費活動をすることです。

「倫理」と聞くとちょっと難しそうな気がしますが、「地球のみんなが暮らしやすくなるための行動」だと考えてみたらどうでしょうか。

「フェアトレード」という言葉を聞いたことがあると思います。例えば発展途上国の小規模農家が綿花を育てているとします。いままでは先進国の大資本が、〝力〟を背景に安く〝買い叩く〟のが日常茶飯事でした。貧困や人権問題、気候変動といった「世界の課題」は、主として、先進国による大量生産、大量消費に原因があります。先進国に暮らす人々の欲望を満たすために、途上国の社会的に弱い立場の生産者が搾取されたり、地球の再生スピードよりもはるかに早く資源を使い、環境が破壊されたりしているのが現実だからです。

しかし、それを買い手が適正で公正な値段で購入すれば、途上国の農家は自立することができ、生活程度改善の手助けになります。フェアトレードとは、人と社会、地球環境、地域のことを考慮して作られたものを購入し、消費する仕組みのことです。私たち消費者が、フェアトレードで生産された製品を選べば、消費を通じてこうした枠組みを支援することができます。

また、フェアトレードは農家の有機栽培への移行も推奨しているので、有機栽培による商品が主流になれば、農薬による農地のダメージや農家の健康被害も防ぐことができます。「地球環境の保全」や「社会貢献」といっても、個人の立場ではなかなかその実践に結びつかないことが多いのですが、ささやかでも、その実践につながる身近な行動の一つが「エシカル消費」

だと言えるでしょう。私たち消費者は、日々の買い物というみんなができる行動を通じて、世界に影響を与えることができます。それは同時に、いま世界で起きている深刻な問題について、「自分が与え得る影響」を考えていくのに役立ちます。

また、国連が掲げるSDGsの12番目に、「作る責任、使う責任」があります。SDGsが掲げる目標についてはに206ページを参照していただきたいのですが、エシカル消費を実行に移すことは、これを果たすことでもあります。それだけでなく目標1「貧困をなくそう」や目標10「人や国の不平等をなくそう」、目標13「気候変動に具体的な対策を」、目標14「海の豊かさを守ろう」、目標15「陸の豊かさも守ろう」といった目標をも同時にカバーできるのです。

日本のGDPのうち、個人消費は約6割を占めます。仮に、消費者が日頃の買い物の1割でもいいからエシカル消費に振り向けるとすれば、社会や経済に与える影響は、とても大きいものになるはずです。一人ひとりの消費者が自分たちの力の大きさを認識し、「お金を払うことを通じて、社会問題の解決に貢献しよう」と考えて消費すれば、世界はもっと豊かになっていくはずです。

地産地消は、多くの人を助ける手段

「エシカル消費」のほかに、人と地球を守るための活動として、「フェアトレード」「フードマイレージ」「オーガニック」「リサイクル」「リユース」「エシカル金融」など、幅広い分野の取り組みが展開されていますが、エシカル消費は「環境消費（環境に配慮された消費）」「社会消費（人・社会に配慮された消費）」「地域消費（地域に配慮された消費）」の三つに分類されます。

環境消費とは、日頃から「人間は自然環境に頼って生きている存在だ」という意識を持ち、環境を思いやって消費すること。「グリーン購入」と呼ばれる環境に配慮した製品の購入などがその代表例と言えます。

社会消費は、フェアトレードやエシカルファッションなど、途上国などにおける児童労働などの社会問題や環境問題を引き起こすことなく生産された、モノやサービスの購入が代表的です。

地域消費は、２０１１年の東日本大震災以降、活発になっている「応援消費」に代表される消費の形で、「地産地消」もその一環です。簡単に言えば、「消費を通じて多くの人を助ける」ということですが、なかでも私が注目するのは、「消費することで近くの人から先に助けていく」という概念です。

なぜこれを重視するのかと言えば、社会的に強制しなくても「近くの人から助ける」という考え方は、多くの人が幼い頃から教えられ、根底に根づいているものなので、受け入れられやすいということです。いわば「隣人の原理」と共通するものです。

例えば世界平和や人類の平等を理念に活動している人でも、実は遠くの見たこともない人よりも、近くの顔見知りに親近感を抱きます。海外で航空機事故が起こったとき、日本人が関心を持つのは、「日本人の犠牲者はいないか？」です。日本人でも外国人でも、命に軽重はないはずですが、やはり同胞の心配が先に立つのです。オリンピックやサッカー、ラグビーのワールドカップで日本選手やチームを応援するのも同じ感情です。

つまり「愛情は、対象との距離が縮まるほど強くなる」のです。例えば、知人やご近所が災難にあったら心配します。しかし、遠くで起きた災害で犠牲者が出ても「気の毒に」と思う程度ですませてしまうでしょう。手を合わせるのは奇特な人です。そもそも人間は、近ければ近いほど、感情を移入するようになっているのです。

「隣人の原理」を重視するもう一つの理由は、例えば、近隣の人たち向けに地元の会社が商品を作った場合、地元消費者のことを考えるはずだからです。地元の人の顔が浮かんだら、彼らの健康を害するような商品、すぐに壊れてしまいかねない欠陥品、あるいは環境を破壊しそうな商品を売ろうとはしないでしょう。その人たちのよろこぶ顔を見たいと思うからです。あるいは、生産に従事する人を雇うときに、それが近隣の人や顔見知りなら、人間性を否定するような劣悪な労働環境や、長時間労働、低賃金を押しつけることはしないはずです。

意外に思うかもしれませんが、「地産地消」という概念は、ゴミ問題にも当てはまります。実は戦後、爆発的に増え続けてきたゴミの量は、現在、多くの自治体で減少傾向を見せています。その最大の理由は、ゴミ処理を原則として市町村ごとに行うようになったからです。もし、ゴミ処理が全国共通に行われ、自宅のゴミがどこで処理されるかわからないとなったら、各家庭は、細かくて面倒な分別作業をしないでしょうし、ゴミの減量にも協力しないでしょう。

市町村ごとにゴミ処理がされる場合、不完全な分別をすると、それが税金の増大となって自分たちに被害が及びます。だからみな、正しい分別をし、減量に協力しようとするのです。そう考えると、人と地球を守るために、これからの経済社会で必要になるのは、「グローバルからローカルへ」だと思います。この政策が社会を、そして世界を大きく変えていくはずです。

この小規模分散化は、グローバル資本主義への一種のレジスタンスになります。グローバル資本の商品やサービスの利用を控え、地域の産品を優先して購入すること。それが地域を元気にします。そして、私たちがグローバル資本の呪縛から逃れ、横暴な資本主義に対する個人でもできる抵抗運動になるのだと思います。

新型コロナ禍が人口構造を変える？

生産や消費の小規模分散化を実現するためには「脱都会化」、つまり都会から地方への人口移動が必要です。実は、コロナ騒動が起きる前から、地方移住を考える人は急増していました。例えば、地方移住を支援する「ふるさと回帰支援センター」の相談件数は、2008年に2475件でしたが、2014年に1万2430人と1万人を超えました。そして、その後も急増を続け、2019年には4万9401人に達しています。実際に移住した人の数は、まだそれほど増えていませんが、移住の気運が高まっていることは、間違いありません。

気運が高まった理由は、大都市での生活がとても窮屈になってきているからです。高すぎる家賃、高すぎる物価、過酷な労働、少ない自然、そうした都市生活のデメリットが、大都市がもたらしてくれる華やかな刺激というメリットを上回ったからでしょう。そこに新型コロナウイルスの大都市での感染拡大が拍車をかけました。

今後、急速に広がったテレワークが定着するようになれば、大都市を捨てるという選択肢が、より現実味を帯びてくるでしょう。

もちろん、地方がすべての面で優れているとは言えません。特に田舎になると、とても濃い人間関係の中に自分を溶け込ませなければならないし、共同体を維持するためのさまざまな仕事も降りかかってきます。そして、何より問題なのは、雇用の機会が多くないことです。

ただ、大都市対田舎という二者択一で考えるべきではないでしょう。その中間に、大都市近郊や地方中核都市という「トカイナカ」など、さまざまな選択肢があるからです。そのどれが自分に最もふさわしいかを考え、選べばよいのです。

ここからは、個人的な感想ですが、私は、田舎らしい田舎に移住できるのは、若者が中心になると考えています。若者は、まだ柔軟にライフスタイルを変更することができるので、田舎の人間関係や共同体の掟に順応することができるからです。

一方、中高年は郊外生活が精一杯かもしれません。私の住んでいるところは、都会と田舎の中間ですが、すぐ近くで畑を借りて耕作もできていますし、東京に出稼ぎに行くのもそれほど苦労はしません。

とはいえ年金生活に入れば、再び自由度が高まります。現役時代のようにたくさん稼ぐ必要がなくなるからです。ですから人生百年を見据えて、自分がどの地域で暮らすのが幸せなのかを、しっかり考えておいたほうがよいと思います。私はずっと埼玉の片隅で暮らすつもりです。

「災害に強い家に住む」ということ

２０２０年７月上旬の豪雨は、全国の降水量が※一地点当たり２１６ミリと、過去最多を記録

※全国の降水量の総和を、比較可能な全国９６４のアメダス観測地点で平均化した数値

しました。全国各地に大雨の被害が出ましたが、特に九州や中国地方は被害が大きくなりました。河川の氾濫で、多くの家が浸水し、流されてしまった家や土砂崩れに巻き込まれた家もありました。原因は、これまでの常識では考えられないほどの雨量をもたらした線状降水帯の発生でした。数十年に一度しか発令されないと言われる大雨特別警報が、多くの県で出されましたが、例えば福岡県に大雨特別警報が発令されたのは、２０２０年で４年連続です。

２０１９年12月には、熱波や干ばつ、洪水などによる世界各国の被害を分析しているドイツの環境ＮＧＯ「ジャーマンウォッチ」が、２０１８年に異常気象によって世界で最も深刻な被害を受けたのは「日本」だったとする分析を発表しました。西日本豪雨や、台風21号、そして埼玉県熊谷市に41・1度と観測史上最も高い気温をもたらした猛暑を理由にあげています。なぜ、こんなおかしな気候になってしまったのでしょうか。

最大の原因は、地球温暖化だと、私は考えています。地球温暖化によって海水温が上昇し、そこから放出される大量の水蒸気が、大雨をもたらす雨雲を作っているのです。だから、地球温暖化を阻止しないと、今後ますます水害のリスクが高まっていくことになります。残念ながら、そうなってしまう可能性が極めて高いのです。

国連環境計画（ＵＮＥＰ）が２０２０年12月９日に公表した報告書で、２０１９年の世界の温室効果ガス排出量が二酸化炭素（CO_2）換算で５９１億トンと、過去最多を更新したことが明らかになりました。温室効果ガス排出量は2010年から年平均1・4%増えてきましたが、2019年は森林火災の多発などが原因で2・6%増に加速しました。

また、同じ国連環境計画が2019年11月26日に発表した年次報告書では、世界の平均気温を産業革命前と比べて1・5度以下の上昇にとどめるというパリ協定の目標を達成するためには、温室効果ガス排出量を2030年まで毎年7・6%ずつ削減する必要があるのですが、現実には、温室効果ガス排出量は、増え続けているのです。

しかも、温室効果ガス排出量削減の取り組みには世界各国の一致した協力が不可欠なのですが、世界2位の排出国である米国のトランプ前政権は、パリ協定からの離脱を表明しました。バイデン政権によって復帰が果たされましたが、世界の足並みが完全に揃っているとは言い切れません。このまま温暖化の進行が続くと、私たちは、水害の拡大を覚悟して、より安全な場所に住まないといけなくなります。ただ、現実の住居選択は、そうはなっていないのです。

2020年7月15日の『AERA』電子版が、興味深い分析を載せています。1995年から2015年までの20年間で、洪水浸水想定区域に住む人の割合が、都道府県別にどれだけ増えたかという数字です。全国では4・4%の上昇でしたが、特に比率が上がったのは、基本的には大都市です。例えば、東京+15・3%、千葉+5・7%、神奈川+17・4%、埼玉+7・1%といった具合です。

そうしたことが起きるのは、明らかに東京一極集中によって住宅が足りなくなり、水害のリスクが高いところで住宅建設が進んだことの結果です。だから、同じ大都市でも、大阪は＋0・1％とほとんど増えていません。

一方、大きな水害にあった熊本は＋1・5％、広島＋11・5％、岡山＋12・8％、鹿児島＋4・6％、島根＋3・5％と、地方でも増えています。こうした地域で洪水浸水想定区域の人口が増えた理由は、もともと利用できる平地の面積が少ないことや、かつて起きた水害の苦い記憶が薄れて、あまり意識することもなく、リスクの高い地域に住宅を建設することが増えたからでしょう。

ただ、やはり住宅は水害の恐れがない場所に建てたほうがよいと、私は思います。若いうちならともかく、中高年以降だと、家が流出したり、そこまで行かなくても、床上浸水してしまうと、ローンを借りての住宅の再建築や大規模リフォームなどは、経済的にむずかしくなってしまうからです。

実は、最近の水害ではっきりとわかったことが、一つあります。それは、自治体が作成するハザードマップがかなり正確だということです。浸水地域のほとんどが、ハザードマップで浸水のリスクを指摘されていた地域だったのです。水害は、川沿いはもちろんのこと、細かな起伏の影響を受けて、川沿いでなくても起きます。だから、家を買ったり、建てたりするときには、ハザードマップをきちんと確認してからが無難です。

私が現在の家を買ったのは２００３年、46歳のときでした。以前の家の近くにいまの家を建てたのですが、水害のことを考えて小高くなっている土地を買いました。そのせいで、駅からは少し遠くなってしまいましたが、これまで一度も浸水の心配をしたことがありません。

妻はこう言っています。「ここは東京みたいに楽しいところはどこにもないけれど、安全であるところだけは、とてもいいよね」

首都直下型地震の恐怖

また近い将来、さらなる危機が日本を襲う可能性もあります。首都直下型地震の危険性です。早ければ1年以内にも、東京湾を震源とする地震が発生する可能性は高く、もしコロナ禍で傷ついた首都圏で最大規模の地震が発生したら……考えたくもないことですが、それは決してあり得ないことではないのです。

内閣府に事務局を置く中央防災会議の防災対策推進検討会議のもと、首都直下地震対策検討グループが、２０１３年、首都直下地震の被害想定と対策についての最終報告を出しました。それによると、今後30年以内に70％の確率で、首都直下でマグニチュード7クラスの地震が発生すると発表しています。最悪の被害想定は死者2万３０００人、建物の倒壊・焼失61万棟、経済被害は95兆円にも上ります。

新型コロナウイルスでダメージを被った東京が、首都直下地震に襲われたらどうなるのでしょうか？　都心部より、隣接する住宅地域の火災発生による甚大な被害が予想されています。住宅密集地域は火の海になり、最大で61万戸が焼失します。東京の住宅街が消えてしまうということです。

さらに、大型台風や豪雨で河川が決壊する恐れもあります。2019年秋に日本列島に上陸した台風は、東海、関東地方を中心に長時間、激しい雨を降らせました。河川の氾濫や土砂災害の映像をテレビなどでご覧になった方も多いはずです。そんな大型台風が、今後も日本列島を襲う可能性は少なくありません。それが都心部を直撃すれば、被害は甚大なものになると予想されます。日本の大都市はほとんど沿岸部にあるので、大阪や名古屋も例外ではありません。

こんなに危ないのに、なぜ都心部に住みたがるのか。それは都市機能、金融など、あらゆるインフラが都市に集中しているからです。しかし、そうした目先の欲に目が眩んで、将来への展望を描かないと、やがて手痛いしっぺ返しが来ないとも限らないのです。

都心に比べて災害リスクが少ない

しかし、トカイナカなら、災害にあっても生活ができます。首都圏直下型地震などが、どこまで被害を拡大させるかは予断を許しませんが、家屋の倒壊、焼失の危険性は、住宅やマンションが密集した大都市より、近隣との適度なスペースがあるトカイナカのほうが、軽減されます。

また、災害時においても、圧倒的にトカイナカのほうが生活しやすいはずです。事実、東日本大震災のときも、我が家はほとんど困りませんでした。

私は自分で農業もやっていますし、近所の畑には野菜の直売所があるので、旬の野菜が、豊富に手に入ります。普段から家の中に食料が山のように積まれていて、1か月は買い物に行かなくてもすむほどです。お米も、玄米を手に入れて、近くのコイン精米機で精米しています。私の住んでいるところでは、玄米で米を保存する家庭が多いので、ところどころにコイン精米機があるのです。

つまり、トカイナカなら、スーパーに買い物に行かなくても生活できるということです。都心部では災害時に交通が遮断され、物流が完全にストップしてしまうことも予想されます。すると生活に必要な物資が手に入らず、たちまち生活に困難をきたしますが、トカイナカなら、最低限の食料は確保できるのです。

都会生活に慣れてしまうと、駅やスーパーが近くにないと不便に感じてしまうかもしれませんが、マイカーが運転できれば、駅の近くに住む必要はありません。

ガソリン価格は、都会を離れるほど安くなります。私は都心に事務所を持っていますが、そこで1リットル150円の表示が出ているときでも、埼玉なら20円以上も安いのです。埼玉は立地上、マイカーを保有する家庭が多いようです。しかも東京に比べて地価が安く、また幹線道路が整備されているので、ガソリンスタンドの激戦区になっています。値下げ競争が激しいという事情もあるのでしょう。

マイカー保有率が高いのは、駐車場コストが安いからでもあります。ほとんどの家庭では玄関先にスペースを設けていますが、借りる場合でも月額6000円から7000円程度です。都心にある私の事務所の周囲では4万円以上です。埼玉ならアパートが借りられる値段です。この点だけを見ても、都心よりトカイナカのほうが暮らしやすいと言えるのではないでしょうか。

コラム　「リモートワーク兼業農家」から定年後、本格的な農家に

都心にあるコンピュータ関連サービス会社でセキュリティ管理の仕事をしていた川村孝夫さん(62歳)は、定年の4年前から埼玉県加須市で農業を始めた。

若い頃から農業に関心があって農地をさがしていたのだが、自宅のある加須市の郊外で、水田約40アール、畑約30アールを、隣接した家と作業小屋、機械倉庫とセットで貸してくれる人が現れたからである。この家には高齢の女性が一人住まいしていたが、その女性が施設に入ったため空き家状態になっていた。

会社には兼業申請をし(注)、週1回出勤のリモートワークの制度を利用した。田畑に隣接した借家にパソコンを設置。在宅勤務の日は早朝から田畑でひと仕事したあとに朝食をとり、9時30分からパソコンに向かう。昼休みをはさんで、17時30分までパソコンに。

リモートワークではこの間、チャットを立ち上げ、携帯電話とあわせて上司といつでも連絡がとれるようにしておくことになっていた。とはいえ、農繁期にはついつい畑の野菜の様子が気になったというが……。

農地を借りるに際しては、大家と使用貸借契約を結び、農業委員会をとおして、利用権を設定した(現在の制度では、農地中間管理機構を介して設定することになる)。借地料は加須市の平均貸借料に沿って毎年決めている。平均して10アール7000円程度だから、70アールで年間5万円ほどである。家や作業小屋、機械倉庫の賃料は無料。貸し手からすれば、田畑や家を荒らさずに管理してくれるだけでも大助かりというわけだ。

はざ架け（自然乾燥）する稲をバインダーで刈り取る川村孝夫さん

川村さんはほぼ一から農業を始めたので、農作業に必要な農業機械をすべて揃える必要があった。購入した主な機械・設備は乗用田植え機、トラクター、コンバイン、管理機、乾燥機、軽トラック、それにビニールハウスなど。もみすり機や選別機、保管用冷蔵庫などは大家から借りている。

これら農業機械はすべて中古で購入したが、代金は４００万円ほどになった。川村さんは２０１５年に加須市がすすめていた認定新規就農者制度を活用、この制度では一定の条件をクリアする営農計画を立てて、地域農業の「担い手」として認められると、低利の融資を受けることができ、交付金支給の対象者にもなる。この制度のおかげで、農業機械代金の半分程度を交付金で賄うことができたという。

２０１８年に会社を定年となり、現在は農業に専念している。現在の耕作面積は水田約15アール、畑約35アールで、稲、小麦、大豆のほか、50種ほどの野菜を栽培している。自分の家で食べる野菜はできるだけ作り、余った野菜を売るという考え方なので、種類はこれだけ多くなる、と言う。

有機・無農薬農業を志しているので、田んぼの除草や野菜の世話に非常に手がかかる。除草などはボランティアの手も借りているが、きちんと手をかけれられるように、在職時よりむしろ規模を縮小した。

米は主に知人に直売し、野菜は近くの直売所で販売。このほか季節の野菜をセットで届け、お客さんもつき始めた。農業機械の減価償却もほとんど終わり、決算書上の収支もほとんどトントンになった。

農業だけで生活するのは難しいが、米、小麦、大豆、それに四季折々の野菜を育て、それらを原料にしたパンや味噌、うどん、漬物などの食材も作っているので、食事の自給率はかなり高い。「日々、安全安心の食料を口にすることができることが何よりうれしい」と川村さんは言う。

「農地を借りられることになったとき、一時は退職を決意したが、上司からリモートワーク制度の利用をすすめられた。おかげで収入を得つつ、本格的に農業をスタートする準備を進める〝ソフトランディング〟の期間をとることができた。これが大きかったと思う。

反省点はこの期間にじっくり土づくりをしておかなかったこと。有機農業の決め手は土づくりだが、ついつい野菜の世話に夢中になってしまって、土づくりに手が十分回らなかった。

それから、多品目少量生産スタイルの農業を始めてみて、妻・紀子の理解と助けが非常に大きいことに今さらながら気づかされている。いろいろな種類の野菜に対して、種まきから収穫まで、広い範囲に気を配らないといけないわけだが、自分の目が届かない、手が回らないところを妻のサポートでなんとかやってきている。一人では到底ここまでやってこれなかったと思っている」

コロナ禍でどの企業もリモートワークが普通の業態になり、マイクロ農業との組み合わせも可能になってきた。トカイナカに住み、リモートワークによって本格的な農業への参入を準備した川村さんは、その先駆けといえるのではないだろうか。

（注）勤務していた会社では、会社の利益に相反する仕事でないかぎり、兼業が認められていた。

第3章

「食の安全」を実現し、環境にやさしいマイクロ農業

大量離農時代がやってくる

日本の農業に関して、これから全国的に起こるのは、農業を生業とする人の「定年」による大量離農、そして農地の大量放出だと思います。

「農家に定年などない」と思われがちです。もちろん農家に「定年」はなく、やりたいだけやることができます。ですが現実には農業は重労働で、体が丈夫でないとできない職業。しかも後継者不足などで、現在、高齢化が問題になっているのです。

農林水産省の「農林業センサス（大規模調査）」は、5年ごとに日本全国のすべての農家を対象に調査をしていますが、その2015年版では、農業就業者の高齢化が目立っています。2000年に61・1歳だった平均年齢は、2005年に63・2歳、2010年が65・8歳、そして2015年は66・4歳となっています。2015年では65歳以上が占める比率は63・5％です。この人たちがやがて70歳を迎え、大量に「定年」になるのです（参考：『本当は明るいコメ農業の未来』窪田新之助著／イカロス出版）。

つまり現実は、体力の限界を理由に、70歳くらいで辞める例が多いのです。とすると、今後5年以内に、この63・5％の大半がリタイアすることが予想されます。

こうした農家のほとんどはコメ農家ですが、実は米価は決して高いものではなく、農家は減収を強いられています。しかも彼らが過去に購入した農機具はおおかた寿命を迎えつつあり、それもリタイアの一因になっています。圧倒的多数を占める零細農家には、一度農機具が壊れてしまうと、それを再び購入する余力はありません。

とすると、大量離農が始まった後に、農家の経営はどうなるのでしょうか。国立研究開発法人「農業・食品産業技術総合研究機構（農研機構）」が行った2010年から向こう10年間の予測では、「農業就業人口は36％減少」「農家数は160万戸から105万戸へ」「離農によって51万ヘクタールの土地が放出」され、「その農地を引き受ける水田農業経営の担い手は1万4000戸」となっています。その一方で、1000ヘクタールを超える「メガファーム」が次々に登場し、全体の10％を超えるという予想もあります。

実際に、放出された農地を残りの農家がすべて引き受けるとは限りませんが、そうなった場合、1戸当たりの経営面積は急速に拡大していくというのが、これからの予想です。そこで政府は大規模農業を推奨するために補助金などを支給する方針を打ち出しているのです。しかし私は、これには賛成しかねます。その理由は順次述べていくことにします。

では、この大量離農が日本農業に深刻な打撃を与えるかというと、すぐにはそうなりません。実は、日本の農業は2010年度で、1000万円以上の農産物販売金額のある農家は、全体の7％にすぎず、ここだけで農産物の全販売金額の約60％を担っているからです。

それに対し、販売金額が200万円未満の農家戸数は72・6％もありますが、これが全販売金額に占める割合は12・5％でしかないからです。つまり、日本の農業は、一部の〝専業〟農家が支えていて、零細な農家が退場したとしても、すぐに駄目になることはないと、前述の『本当は明るいコメ農業の未来』でも記されています。

しかし、「その後」を考えると、不安の種は尽きません。大規模農業を推進したときに、農地を入手するのは日本人だけとは限りません。仮に法律で「日本人に限る」としたところで、抜け道はいくらでもあります。

万が一、国際農業資本が日本の農地を入手したら、農業はいま以上に激しい競争にさらされ、「食の安全保障」にも重大な影響を及ぼすと考えられるからです。

マイクロ農業で「小規模分散農業」

不安の一端は、日本の食料自給率にあります。日本では2018年度の食料自給率が、前年を1％ポイント下回り、約37％となりました。米が記録的不作となった93年度と並んで、過去最低の水準です。2019年度は38％に上がりましたが、海外の先進国がほぼ国内自給を果たすなかで、日本の食料自給率だけがきわだって低くなっています。

そうした状況に危機感を覚えた政府は、農業経営を集約して大規模化し、輸出を拡大することを目標にしています。いわゆる「儲かる農業」への転換です。

私は、政府の方針に全面的に反対するわけではありません。でも、自給率を上げるためのもう一つの重要な手段を見失っていると思うのです。それは、それぞれの家庭が「自分の食べるものを自分で作る」という「マイクロ農業推進」の戦略です。

日本の農業の国際競争力は弱いと、多くの人がそう思い込んでいます。ただ、先ほど紹介した38％という食料自給率はカロリーベースで、生産額ベースでみると66％と大幅に高くなります。農林水産省は、カロリーベースの自給率を使って、アメリカ130％、フランス127％、ドイツ95％、イギリス63％と比べると、日本は先進国中最低の水準だと発表し、「農産物の国内自給率は40％を切っている」というキャンペーンを繰り広げてきました。国民のみんながそれを信じ込まされているのです。

「自給率」というのは、国内消費のうち、どれだけを国内生産で賄えているのかという数字です。つまり、国内生産÷国内消費なのですが、この数字が高いほど、競争力が強いということになります。だから「自給率が38％しかない」と言われると、まったく競争力のない産業と判断されてもやむを得ません。

でも、よく考えてください。ここには明らかな〝ミスリード〟があるのです。農水省が強調する38％という自給率は「カロリーベース」です。基礎的な栄養価であるエネルギー（カロリー）に着目して、国民に供給される熱量（総供給熱量）に対する国内生産の割合を示す指標です。

2019年度では、1人1日当たり国産供給熱量（918キロカロリー）÷1人1日当たり供給熱量（2426キロカロリー）＝38％となっていて、確かに40％を割り込んでいます。

ですがこれは、世界に〝有事〟が勃発して食料輸入が途絶えたときに重要になる指標で、平時に重要なのは「生産額ベース」の自給率なのです。

生産額ベースの総合食料自給率とは、国民に供給される食料の生産額（食料の国内消費額）に対する国内生産の割合を示す指標で、これは、

食料の国内生産額（10・3兆円）÷食料の国内消費仕向額（15・8兆円）＝65％

ということになります。これは農水省が計算した生産額ベースの自給率ですが、ここでは、他産業との比較を可能にするため、内閣府が発表する「SNA産業連関表」という統計を使って計算してみます。すると、もっといろいろなことがわかります。

2016年の産業連関表で計算すると、農林水産業全体の自給率は87％となります。ということは、日本の農林水産業は、ほぼ9割を自給しているのです。一方、製造業全体の自給率は100％を超えていますが、例えば繊維製品の自給率は49％、情報・通信機器の自給率は56％と、農業よりずっと低いのです。

情報通信機器というのは、スマホやパソコンなどです。日本の農業は、そうした業種より国際競争力がずっと高いという現実を、まずしっかり認識する必要があります。なぜなら、一部の人たちが目指している大規模・企業経営型の農業への転換という方針が、間違っていると思うからなのです。

確かに、日本の農業は個人経営で、小規模な農家が大部分を占めています。それを集約化すれば生産性は上がるかもしれません。しかし、企業が大規模に農業を展開すると何が起きるのでしょうか。企業の目的は利益を上げることですから、利益が最優先されます。その結果、どんなスタイルの農業になるかは、いまの農業グローバル資本がやっていることを見れば、明らかです。

詳しくは後で述べますが、彼らは、遺伝子組み換えで作られた収量の多い種子を使います。また、農業の最大の手間は雑草との戦いですから、効率的な除草のために除草剤を空中散布するのです。もちろん、彼らが作り出す作物だけは、その除草剤に耐性を持つように遺伝子を組み替えておきます。そして収穫後の作物にも、害虫やカビの発生を防止するために、農薬をかけます。

遺伝子組み換え作物の安全性や残留農薬の健康被害は、明確な証拠がすぐには出てきません。健康被害は長期間の摂取によって生ずることが多いからです。一方、彼らの使う除草剤は、周辺の農地にすぐに悪影響を及ぼします。通常の作物が育てられなくなった近隣の農家は廃業せざるを得なくなる。その土地をグローバル資本は買い占め、さらなる大規模化が図られるという仕組みになっているのです。

いまの日本の農家のスタイルは、グローバル資本とは真逆の構造になっています。小規模農家の大部分が、人件費を考えたらまったくの赤字でも、農業を続けています。それは、先祖代々受け継いできた農地を守りたいという気持ちもありますが、日本の農家にとっての農業は柔道や剣道や茶道、書道といったものと同じ「道」なのです。だから利益のために道を踏み外すようなことはしません。例えば、農薬に関しては、安全なものを使用し、しかも収穫が近づくと徐々に使用量を減らしていき、農薬が残留しないようにします。そうした努力を積み重ねることによって、安全で美味しい農産物が作られているのです。

ところが政府は、TPPの推進にみられるように、農業に市場原理を入れようとしています。私は、日本に本当に必要な農業政策は、産地表示を厳格化し、遺伝子組み換えを禁止し、農薬の使用を厳しく規制し、小規模個人経営の農業を守ることだと思います。

安全で美味しいという農産物の一番大切な価値は、理解されるのに時間がかかります。しかし、現状でも9割近い自給率があることや、農産物の輸出が大幅に伸びていることを考えれば、いま日本の農業を市場原理にさらしたり、グローバル資本の参入を許す必要は、まったくないのです。

「庭つきの家」ではなく「畑つきの家」を買おう！

マイクロ農業重視は、決して突飛な戦略ではありません。２０２0年8月に札幌市南区の住宅街にヒグマが出現したときに、メディアはヒグマの危険性を訴えました。でも私は別の視点でニュースを眺めていました。住宅街にヒグマが出現した目的は、住宅街の家庭菜園で育てたトウモロコシでした。つまり、札幌市では、私と同じように、市民が自宅の庭で普通に農作物を育てているのです。それは家庭菜園というレベルから、やや大きなマイクロ農業まで千差万別です。なかには本格就農を志す人もいます。

私も以前、将来、十分な技術が身についたら〝本格農業の真似事〟ができないかと思って、自宅のある埼玉県所沢市内で農地を買えないか、調べてみたことがあります。

しかし、当時の法制度の下で一般人が農地を購入することは、かなり難しいものでした。現行の農地法では、農地を買ったり、借りたりするには、「農作業に常時従事し、耕作する農地の合計面積が50アール以上」といった条件を満たす必要があったからで、完全なプロ以外は、農地の所有を認めないルールになっていたのです。

そんな大規模な土地はとても耕作できないし、そんなにたくさん作っても食べきれません。

ちなみに、農地を探したいと思えば、いまは「農地情報提供システム」などのサイトで情報を検索したり、都道府県農業会議や市町村の「農業委員会」に問い合わせて情報入手が可能です。農業委員会は、市町村に置かれた委員会で、自作農の創設や維持、農地利用の調整、分散している農地を地域内で権利を交換することで、広い農地にまとめることなどの事務を執り行う場所です。

現行の農地法では、農地を自分で購入したり借りたりする場合は、市町村の農業委員会に行って、認可を受けなければならず、「所有者が自分で農地を耕作すると認められること」「常時、農作業に従事していること」「都府県で50アール、北海道で2ヘクタールの下限面積を満たすこと」などの要件が必要で、「営農計画」（農業経営のプラン）を提出しなければなりませんでした。これらすべては、簡単にはクリアできる要件ではなく、要は、超零細農家の参入を拒んでいたのです。

しかし2009年に農地法は改正され、参入条件は大幅に緩和されるようになりました。各自治体の農業委員会の判断で、「50アール以上」という下限面積を自由に設定できる特例が設けられました。その結果、移住・就農促進を目的とする「空き家バンク」に登録された空き家に付随する農地については、1アール以下に引き下げる自治体が増えています。1アール以下なら、完全に「マイクロ農業」の範囲です。

２０１７年4月時点で、全国のうち14県33市町村が、下限面積を1アール以下にしていましたが、20年8月には1道1府38県３２４市町村と、4年で10倍になりました。宅地と地続き農地には0・1アール（10平方メートル）にも満たないところもあるので、なかには下限面積を1平方メートルまで下げているところもあります。岐阜県下呂市では20年7月から、空き家に付随した農地に限らず、農地を取得したい人が所有する土地に隣接した農地であれば、1平方メートルから取得できるようにしています。「家の隣の遊休農地が草だらけで困っているが、自家用畑にしたくても、農家でないために農地が買えない」という声にこたえたものです。

また兵庫県でも、20市町村が下限面積を1アール以下に緩和しました。なかでも宍粟市は特に農地つき空き家の斡旋に力を入れていて、これまでの20件以上の成約があるといいます。

兵庫県では、二つの地域での居住や移住促進をバックアップする「田舎暮らし農園施設整備支援事業」も始まっています。遊休農地を家庭菜園や農園などに利用する個人や団体、農地の所有者を対象に、遊休農地の復旧や農機具収納庫・休憩所の整備については最大75万円、地域に滞在して遊休農地や農園を活用する場合には、必要となる空き家の改修に最大１００万円まで助成を受けることができます。市民農園を整備して利用者を増やすことから本格的な就農まで、ライフスタイルに応じた農業を支援するのが目的で、農地つき空き家を手に入れた人にはぴったりの事業です。

こんなふうに農業参入のハードルが低くなるのは、マイクロ農業にとっては追い風です。小さな面積から農地が取得できるのですから、やりたい人はすぐに始められます。最初は小さな面積から始め、少しずつ広げていくこともできます。そして多様な人たちが農業に携わるようになれば、地域全体がにぎやかになります。

その一方で、日本では人口の減少に伴って土地が余ってきます。野村総合研究所の予測によると、2035年には全国の空き家率が30％を超えるといいます。

だから、これからは、「庭つきの家」ではなく「畑つきの家」を基本にすればよいのではないでしょうか。広い庭を使った家庭菜園であれば、作物ができすぎることはないし、農業用水の問題もありません。

もちろん、小規模分散型農業を進めるための課題もあります。例えば、収穫のピーク時には、家庭内では消費しきれないほどの農作物が収穫されますから、それを地域で分かち合う仕組みが不可欠です。また、トラクターなどの農業機械を共用する仕組みも必要でしょう。そうした仕組みを、国や自治体が音頭を取って、整備していけばよいと思います。

これまで日本の農業政策は、大規模化・効率化一辺倒でした。私は、それを見直すべき時期に来ているのだと思います。

例えば、農作業自体が国民の健康増進にもつながります。自分で作れば、国民全員が安全で安心な農産物を食べ続けることができます。また、農作物を自分で作る人が増えることの一番大きな効果は、いま世界で猛威をふるっているグローバル農業資本に、日本の土地が侵略される心配がなくなるということです。

今後の「食の安全保障」を考えると、小規模農家のリタイアによって12・5％分の収穫が失われるのは問題です。仮に大規模農業化でカバーできるとしても、不測の事態に遭遇した場合は、必ず齟齬が生じてくるのではないかと思います。そこで私は、定年退職者に「マイクロ農業」をすすめるのです。

さまざまなデータが示すように、定年退職後の世代だけでなく、それ以下のシニア層も、市民農園で土いじりを好む人が多いようです。生活の中で「食」を充実させたいという人も少なくありません。

定年退職後は自由な時間があり、これまでやりたいと思ってきた活動に十分な時間と労力が振り向けられるはずです。そこでまずマイクロ農業を手始めに、次に「セミプロ農業」に移行していくのはどうですかと、提案したいのです。これが定年後の生活に潤いを与えるだけでなく、日本の農業に新しい可能性を生む糸口になるかもしれません。

農業に親しむことで、自分たちの食生活が充実するだけでなく、健康増進に役立ち、新しい仲間作りや、家族とのコミュニケーションも図れます。事実、レジャー農園の最大の楽しみは、

「新鮮で安全な野菜が手に入ることと、仲間作り」と答える層も多いのです。

「アマチュア農業」から「セミプロ農業」を目指そう！

農業は、かつてのように「きつい・汚い・かっこ悪い」の〝3K〟職業から、「アイデア次第でさまざまなビジネスを展開できる」職業にまで進化を遂げています。自分が一から育てた農作物や加工品を販売し、直に消費者に評価してもらえる時代になってきているのです。

そんな形で、定年就農者が市民農園の楽しみだけでは飽きたらなくなったとき、初級者から中級者にステップアップする場面が生まれるかもしれません。

そんな場合は、最近はやりの農産物直売所を利用することができます。このところ、郊外のいたるところに直売所を見かけるようになりました。この隆盛は、実はスマホなど、小型化した情報端末と、全国津々浦々まで浸透したモータリゼーションの産物です。直売所というと、国道脇や都市近郊の空き地に設けられた素朴な野菜売り場をイメージするかもしれませんが、最近では、店舗は素朴でも、スマホやＰＯＳシステムなどを活用した機能的な場所が増えています。典型的な地産地消型の〝スモール流通〟システムです。おそらく、集荷圏内はせいぜい半径数十キロでしょう。しかしこの流通システムは、日本列島全体をカバーする巨大システムより遥かに小回りがきくぶん、優れたパフォーマンスを見せることが多いのです。

会員となって直売所に出荷する生産者は、自分で農産物を持参して、直売所の事務所でめいめい、思い通りの価格をラベルプリンターで打ち込んで商品に貼り、店頭に並べます。この価格ラベルは簡易ＰＯＳシステムになっていて、農産物の販売状況が、一定の時間ごとに出品者のスマホに連絡されます。人気が高くて売れ行きが好調なら、日に二度、三度と野菜を収穫し、直売所に運ぶ場合もあります。その反対に、売れ残った場合は、すべて出品者が持ち帰らなければなりません。また、ほとんどの客は、車を使って来訪します。したがって、郊外のロードサイドに直売所が林立するというわけです。

直売所というのは、本来、兼業農家や高齢農家、女性農家など、既存の流通システムには対応できない層、つまりフルタイムの専業農家以外の販売チャンネルとして機能してきたもので、多品目少量生産を主としています。一方、直売所も魅力ある売り場作りのために、多品目にわたる農産物の品ぞろえを歓迎します。

団塊世代農業の狙い目は、そこにあります。定年後世代の生活のベースには年金がありますから、収入確保に悪戦苦闘しなくてもすみます。それが〝売れそうな〟ものであれば、何を生産してもＯＫです。おそらく団塊世代は、市民農園で趣味半分で農作物を作っていたはずです。直売所と結びつくことで、そこで培った農業テクニックを、もう一歩飛躍させることが可能になるのです。

私は、市民農園システムの整備拡充をもっと進めてもらうとともに、楽しみ中心の「アマチュア農業」から、より高い意欲、能力、技術を持つ「セミプロ農業」へのステップアッププログラムを作ってほしいと、真剣に願っています。

もちろん、65歳定年を過ぎてから始めるのでは、とても時間がたりません。そこで、65歳になる前から市民農園で技を磨き、「セミプロ」になるための計画を立てたほうがいいと思います。そして可能な限り、70歳を過ぎても農業に励める環境を整備しておくことが大事です。

近年は販売ルートも増え、農家が消費者と直接触れ合う機会も増えてきています。自慢の農作物を市場に出して、高い評価を受けたり人気を集めたりすることは、農家にとって何よりの喜びです。また、世間で食の安全への意識が高まってきていることから、野菜やお米を販売するときに、育てた農家の名前を記載することも多くなりました。農家にとっては自分が育てたものを消費者に評価される機会が増えてきており、これも一つのやりがいにつながっているといえるでしょう。

農作物が高く評価されればレストランや小売店、消費者から指名され注文を受けることもあります。農作物を作るだけでなく、食品加工や流通販売に力を入れる第六次産業の農家も増えつつあり、新しい農家のスタイルが続々と現れ始めています。自分が育てた農作物を使ったレストランを開いたり、独自のブランドを作って加工品を販売したり、農作業体験をしてもらったりなど、農業はアイデア次第で多くの働き方の選択肢を増やすことができます。

つまり農業は多くの可能性を秘めており、工夫次第でさまざまなビジネスを展開できることが魅力の一つといえるでしょう。

定年就農は脱工業化社会へのステップ

言うまでもなく、農家は「農業」で収入を得る職業です。かつては非常に手のかかる体力勝負でしたが、現代は機械化が進み、さまざまな農機具を使いこなして生産をしています。

しかも、農業には環境保全や景観の形成、文化の伝承などといった役割もあります。農村には水源の育成や防災、大気の浄化といった役目があり、地下水を保全したり、洪水や土砂崩れを防いだり、暑さをやわらげたりしているのです。

しかも、農地は土の流出を防いで川の流れを安定させ、さまざまな生き物のすみかとして自然環境を育む役割を担っています。棚田や溜め池、広大な畑や果樹園、里山など日本独特の風景を後世に伝えるという役目もあります。

さらに、農業は地域のお祭りや年中行事、郷土料理といった伝統文化と深く関わっており、それらを継承していくことが農家にとっての責務であるともいえるでしょう。

全国的に農業が衰退し、こうした役割が失われていくなかで、団塊世代、シニア世代を農業就業者にすることは、日本がたどってきた急速な工業化社会のひずみを正すためにも有効だと思います。

日本は20世紀中頃から急速な工業化を推進し、高度成長を実現してきました。都市化の波にもまれ、かつて日本の原風景であった「白砂青松」や「豊かな里山」が消えていきました。でも私たちシニアは、心のどこかで、それにノスタルジーを抱いています。そして、潜在的に農村や農業に親しみを抱いています。だから、シニア層に市民農園が人気なのです。しかし団塊世代の多くは、高度成長期に組織の中で活動し、いつの間にか、そんな思いを封印し、企業戦士として生きてきました。

石油化学を基礎にした工業化社会の進展で、経済は高度成長をとげました。農業も、農薬を大量に使う効率的生産方式一色に染まっていきました。しかし、石油に依存する大量生産・大量消費は地球の生態系を破壊しつつあり、資本主義社会そのものも行き詰まりを迎えています。人間生活でも、食品添加物や農薬の濫用が、食の安全を脅かしています。

このことが、地方と都市生活者の距離を広げ、国全体に漠然とした不安を生み出しています。特に深刻なのが「食」に対する不安で、食に対する十分な満足が得られないと、生活全般への満足度も低下してくるのです。特にシニア層は、「食」についての関心が高いことで知られています。

こうした彼らに「農」と親しむ現場を提供することは、食生活全般への満足度を高めるきっかけとなるだけでなく、行き過ぎた工業化社会と日本の原風景とのバランスを取り戻し、行き詰まった資本主義の打開策を見つけるヒントになるのではないかと思うのです。それは長い視点で見れば、脱工業化社会・脱炭素社会への流れを作っていくものになるはずです。

セミプロ農業が、日本の「農」の改革にプラスする

団塊の世代、シニアの世代が、アマチュア農業を手始めに、やがてセミプロ農業に進出することで、農業そのもののあり方が変わっていけばいいと、私は願っています。それは現在の農協のあり方そのものにも、大きな影響を与えるものと期待しています。

現在の農協が、ややもすれば排他的で、一部の幹部組合員の〝既得権〟が強く、時々、組合長など一部幹部の意のままに運営されているケースが見受けられるからです。

もちろん、多くの農協はきちんと運営されているのですが、一部では、旧来のしがらみや人間関係に縛られて、なかなか革新的な取り組みができないケースもあります。経営管理が杜撰で、批判を浴びるところも少なくありません。

しかし、団塊の世代が農業に参加して直売所が活気づくのと同じように、例えオブザーバーの立場ででも農協の運営に声を発することができるようになれば、一般社会のようなビジネス

感覚が取り入れられるかもしれません。

農協に限らず、旧態依然たる組織では、構成員の多くが「もっと新しいことをしたほうがいい」と頭ではわかっていても、軋轢を生むかもしれないという恐れから、ナアナアになってしまうことが多いものです。特に日本人は「忖度《そんたく》」の民族なので、しこりが残るのを恐れます。

しかし、外から新しい構成員を迎え入れれば、組織の風通しがよくなります。「農村共同体」という組織の枠外から、ビジネス感覚を持ち職業経験を積んだシニア農業従事者が参画すれば、そのメリットは計り知れず、農協の構造に新しい血が通うのではないかと思います。

また、農業に携わる人が増えていけば、農協は新しい組合員を獲得できるので、いまの長期低落傾向を逆転させることができます。農協がいま打ち出すべき施策は、「一億総組合員化」なのだと私は考えています。

そこで私は、組合員化へのステップとして「准組合員制度」を活用したらどうかと提案したいのです。あまり知られていませんが、農協には「正組合員」と「准組合員」がいます。「正組合員」は、その農協の地区内に住所を持ち、農業を営む個人と法人。「准組合員」は当該農協の地区内に住所を有する個人で、出資金を払って農協に参加し、物資を購入したり、付随する事業を利用する人などのことです。

本来、農協という組織は「農業の協同組合」なので、正組合員だけで組織を構成するのが筋です。しかし農家の数が減り、農村が変貌していくと、正組合員だけでは組織を維持することができなくなってきました。そこで農家以外の一般利用客を准組合員にすることにしたのです。その結果、２００９年、ついにその比率が逆転し、現在は准組合員数が正組合員数を上回っている状況にあります。しかし、農協の事業運営は正組合員である農業者の意思決定により行われていて、准組合員には議決権がないのです。一方で、正組合員の中も少数の専従農業者と多数の兼業農家に二極化しています。

実は〝農業保護〟の立場から、農協には補助金などのほか、税制上の優遇措置が設けられています、しかしこうした状況の下、「正組合員が減り、農家でもない非農家が多数となった農協に、優遇措置を与えたりするのはいかがなものか」という意見が出て、政府は「准組合員の農協事業を利用する量的規制」を導入しようとしたというわけです。これが俗にいう「農協改革」の一端です。

ですが、准組合員の事業利用量に規制がかけられたら、農協の事業活動が大幅に制約され、組織の存亡に関わります。農業ジャーナリストの土門剛氏によれば、「例えば農協法にある『農協貯金の組合員以外の利用の規制』と同様の量的規制を准組合員にもかぶせようとしたものの」だそうです。これは、仮に組合員全員で預けた貯金が総額１００億円だとしたら「員外利用はその25％以内の25億円以下にとどめる」という規定です。しかし、「これでは農協の事業活動の基盤が崩れかねない」と考えたＪＡグループは農政族議員を応援につけて政府と対峙し、結局、勝負は水入りに終わりました。「准組合員の利用量規制のあり方については、５年間、正組合員及び准組合員の利用実態や農協改革実行状況を調査し、慎重に決定する」という形で、結論が先送りされたのです（参考：『Ｗｅｄｇｅ』２０１５年４月号）。

当面、５年間という猶予期間が設けられましたが、やがてこの問題が蒸し返されるはずです。そこで私は、「准組合員」にも一定の議決権を与えて、「農協経営」に参加してもらうのがいいのでは、と考えています。そうすれば「開かれた農協」となって活力も生まれ、事業基盤も強化されていくのではないかと思うのです。まだ一部ですが同じ考え方から、京都府内のＪＡが「正・准の組合員」区分をなくし、すべて「組合員」の呼称に統一するために組合員資格の見直しを進めていると、２０１９年3月20日付の日本農業新聞は伝えています。

もちろん、農協改革は、政府の農業政策とも結びついているので、一朝一夕に改革できるとは思えません。しかし、農業自体が大規模化し、また国際化の波にもまれる時代にあって、これまでと同じことに固執していては、農業そのものが立ち行かなくなってしまいます。

そこで、団塊世代やシニア世代など、社会的経験が豊富で、かつ新しい農業にチャレンジしようという人材を受け入れることが必要なのではないかと考えます。農業界がそんな人材を受け入れ、彼らの意見を取り入れる柔軟性を持つことが、農業の未来を決めていくと思います。

コラム　市民農業塾を卒業して「小さな農家」に

神奈川県秦野市の廣瀬清彦さん（75歳）は新規就農して2020年で14年目になる。

半導体を販売する商社マンだった廣瀬さんは、60歳定年までまったく農業と縁がなかったが、2006年、「はだの市民農業塾」の「新規就農コース」を1期生として修了し、翌年市の認定を受けて農地を借りた（2008年以降は県が認定）。借りた農地は2か所に分かれていて、合わせて40アール弱、そこでネギ、ニンジンを中心に10種類ほどの野菜を栽培している。

廣瀬さんは認定を受けると同時に「JAはだの」の准組合員となり、収穫した野菜をJAの直売所「じばさんず」で週2〜3回販売している。

また当初は1坪ほどの直売所を週2回運営。自分が作った野菜だけでなく、市民農業塾を出た新規就農仲間の野菜や果物、花、女性グループが作る加工品も販売していた。現在はこの店は若い就農者に譲ったが、そのかわりに、株式会社農業総合研究所を通じて、イオンやサミットなどのスーパーマーケットのインショップ形式の直売所にも出荷している。

「毎日、やらなきゃいけないことがある。定年後にやることがなくて困る、なんていうのとは無縁。『濡れ落ち葉』にならずにすみましたよ」と笑う。

かつては新規に農地を借りたり、買ったりして農業を新たに始めようとすると、農地法の利用権設定の下限面積（50アール）がネックになっていた。

しかし、これは2009年の法改正で「10アール以上」まで引き下げられ、市町村の農業委員会が独自に定められるようになった。

共同でクリ園を手入れする廣瀬清彦さん（写真：鈴木千佳）

秦野市が2006年から始めた「はだの市民農業塾」には2コースが設定されており、「新規就農コース」を終えて就農を希望する人は、営農計画を提出し、神奈川県が設置する営農計画認定委員会（かながわ農業サポーター制度）の認定を受ける。認定されると県農業公社が借り上げた遊休農地を、10アールから利用権を設定して貸してくれる。

2006年から2019年にかけて市民農業塾を修了した人は88人、そのうち秦野市内の遊休農地を生かして就農している人は73人にのぼる。

同様の制度は同じ小田急沿線の南足柄市でも実施しており、農地の権利取得の下限面積を10アールまで引き下げるとともに、定年退職者などが300平方メートルから農地を借りて農業を始めることができる「市民農業者制度」を取り入れている。

自治体によっては「トカイナカ」で「小さな農家」になるハードルは、ぐっと下がっているのである。

第4章

若者世代へ「本格田舎暮らし」の提言！

「トカイナカ」を「山水郷」復活につなげよう！

先ほど、都会の「レッドゾーン」とトカイナカの「グリーンゾーン」でのライフスタイルの違いを紹介しましたが、それに続く第三のライフスタイルが「本格的な田舎暮らし」です。

つい最近まで私は、未来のライフスタイルはトカイナカが本命で、田舎への本格移住はハードルが高いと考えていました。しかしそれは、私自身の経験や能力を元にした考え方で、私よりも意欲や能力が高い人なら、農山漁村に本格移住を考えてもよいと思います。特に若い人なら地域に溶け込みやすく、時間もたっぷりあるので、おすすめです。

昭和30年代まで、日本の地方は元気でした。『日本列島回復論　この国で生き続けるために』（新潮選書）の著者・井上岳一氏が、その著書の中で「山水郷」と呼ぶ中山間部地域のことを紹介しています。かつてこの山水郷では、里山から得られる自然の恵みが、日常生活を支えるだけでなく、木材や間伐材で作る薪炭などが、貴重な現金収入をもたらしていました。

しかし、全世界的にエネルギーの主役が石油にとって代わり、薪炭は売れなくなり、輸入によって木材の価格は低迷していきました。未来が見えない若者たちは都会に出ていき、地方は疲弊し、山水郷も平穏な暮らしが失われ、急速に生活の匂いが消えていったのです。

実はそのことが里山の環境に深刻な打撃を与えました。里山は人の手が入ることによって、健全な自然が守られ、その自然が人間生活を支えてきました。しかし、人の手が入らなくなると、森のなかに細い木が次々と茂って光が入らなくなり、森は荒れていきます。土砂崩れも起きやすくなります。また、野放しの自然が拡大することで、野生動物が人里に近づいて畑を荒らします。昨今、話題になっている猪や鹿の被害は、この結果です。井上岳一氏は、人の暮らしに大きな影響を与えるようになった過程を、自分の足で調べた実情と豊富なデータをもとに丁寧に論証しています。まさに、里山が崩壊し、国土が破壊されていく深刻さは、目を覆いたくなるほどです。

しかし、それでも井上氏は、未来に一筋の希望を見出しています。というのは、今世紀に入って、若い世代を中心に田舎暮らしを希望する人が増え、中山間地域の中でも、人口が増えていく地域が多くなってきたという事実があるからです。

そんな若者が目指すのは、「田舎らしい田舎」です。都会に疲れた若者はつながりを求めていて、山水郷にも彼らを受け入れる態勢が整ってきました。さらに交通インフラや通信網の進化は、山水郷と都会の距離を一気に縮め、山水郷での生活が身近になったのです。

私は都心から電車で一時間半のトカイナカで暮らしています。都心に「出稼ぎ」に行くには一時間半という時間が限界だと思ってきたのですが、地方中核都市で稼ぐつもりであれば、山水郷に住んでも、十分に通勤できるのです。

前にも述べましたが、地方移住への相談窓口を開設している「ふるさと回帰支援センター」に相談に訪れ、面談・セミナーなどに参加する人の数は、2011年には3000人に満たなかったものが、19年には約5万人近くまで急増しています。

また政府の世論調査によると、都市住民のうち「農山漁村に定住してみたい」という願望を持つ人の割合は、2005年の20・6％から、2017年には30・6％と増えています。決して関心は薄れてはいません。

それは内訳を見れば明らかです。60代の移住希望者は減少傾向にありますが、若い層の関心が高まっているのです。2016年の調査で見ると、移住願望を持つ都市住民の比率は、60代19・4％、50代24・4％、40代29・0％、30代36・3％、そして20代は37・3％と、年齢が若くなるほど、移住願望が高いという結果になっています。特に男性に限ると、20代の移住願望比率は43・8％と、半数近くに及んでいます。

新規就農で「山水郷」復活へ

もちろん、彼ら全員が実際に移住するわけではないでしょうが、若い人の間でこれほど移住願望が高いという背景には、何があるのでしょうか。

それは、前に述べたように、若い人ほど資本主義の論理の矛盾に痛めつけられていて、先行きが見通せなくなっていることだと思います。

バブルの崩壊後、企業の人件費削減策で若者の年収はせいぜい据え置き、物価を考えれば、実質的には引き下げられています。しかも、正社員の解雇や賃下げができない構造になっているため、若年層がしわ寄せを受ける形で、正社員採用の枠が狭まり、低賃金の非正規労働者が増えています。１９８４年の日本の非正規社員比率は15・３％でしたが、２０１９年にはそれが38・２％にまで高まっています。いまや5人に2人が非正規なのです。非正規社員の年収はよくて２００万円台、平均は１７０万円です。これでは結婚して家庭を持つことなど、夢のまた夢です。

仕事の中身もつまらないものになりました。欧米流の「成果主義」経営色が強まるにつれ、トップダウン型の経営が広がり、自由裁量の余地はどんどん狭まっていきました。前に述べたアマゾンの例のように、目の前にノルマだけ積み上げられて、〝苦役〟としか言いようのない労働に従事せざるを得なくなったのです。

そこで若者が「それならいっそ、新規就農に向かおう」という気持ちになるのはよくわかります。実際の新規就農者数で見ても、この10年間、49歳以下の若い層は年間2万人前後と安定しています。

もともと低所得なので、彼らは新規就農で収入が少なくても苦にしません。むしろ仕事のやりがいを追い求めたいのです。若者たちが、確実に「山水郷」復活の手助けになり始めているのです。

田舎暮らしをする人たちは、出稼ぎをしなくても、起業・多業・兼業・複業で、多様な収入を得ることもできます。山水郷の恵みを上手に生かす知恵と工夫があれば、必ずしも大きな現金収入はなくてもすむのです。

日本の未来を若い新規移住者に託そう

ただ私は、本格的な田舎暮らしは、若い層にしかすすめません。特に定年になってから山水郷に拠点を移すのは、かなりの困難を伴うと思うからです。

実は山水郷では、現金収入を得る仕事のほかに、例えば村祭りの準備や、消防団、道路や水路周辺の草刈りや清掃、あるいはよその家の改修の手伝いなど、共同体を維持するために不可欠な作業がたくさんあります。

「嫌だ」というわけにはいきません。事実上の義務なので、それを拒否したら共同体から出ていかなければなりません。そこがトカイナカとの決定的な違いです。

年金生活に入って、ようやくサラリーマンの〝忍従生活〟から解放され、自由になったと思っても、案外にわずらわしい日常に忙殺されることを覚悟しなければなりません。素直に新しい環境に飛び込める若者ならともかく、定年世代では現役時代のプライドが邪魔をする例が少なくないようです。そんな濃い人間関係に耐えられる柔軟性を持っていないと、田舎生活は苦痛になるだけ。やがて都会に戻るということになってしまいかねません。

そう考えると、本格的な農山漁村移住は、若い層にまかせておいたほうがよいということです。若者が移住してくれれば、日本の山や田んぼ、畑がこれ以上、荒廃しなくてすみます。

その代わり、定年世代はトカイナカから彼らを応援していくことです。彼らが生産した農産物や魚、肉などを積極的に直接購入すること、これも「エシカル消費」の一環です。

あるいは、選挙で日本の農業に明確なビジョンを打ち出す政党を支持すること。そんな形で彼らに力を貸し、農業を考えていくことが、日本列島の未来を彼らに託すことにつながります。

「豊かな生活」ってどんな生活？

若い層で田舎暮らしを望む人でも、いきなり田舎暮らしに飛び込むのはリスクが伴います。そこで地方の中核都市の近郊にしばらく住んで、地方暮らしのトレーニングをすることをおすすめします。いま述べたように、田舎暮らしはとてもハードなので、トカイナカで試験的に暮らしてみて、「本当に永住できるか？」を実感してみるといいと思います。

トカイナカといっても、私の住む所沢などではありません。もう少し地域コミュニティ色の強い場所、例えば拙書『グローバル資本主義の終わりとガンディーの経済学』でも紹介しましたが、富山県の舟橋村などがおすすめです。

ここは人口3000人の、日本一面積の小さい村です。面積3・47平方キロというのは、東京都千代田区の3分の1にすぎません。村内の大手事業所としては工場が一つあるだけで、農業が主体の村です。経済面では環境が厳しく、周辺自治体との合併を県から要請されたといいます。しかし村の人たちは、「自分たちの村は自分たちで守る」と、合併を拒否しました。

そんな村の人口が急増しています。1985年に1419人だった村の人口は、2015年には2982人と、ほぼ倍増しているのです。

なぜそんな異変が起きたのか？　それは立地がよいからです。舟橋村は県庁所在地の富山市に隣接し、富山市のベッドタウンとして人口を急増させているのです。富山地方鉄道の越中舟橋駅から電鉄富山駅までは5駅、15分です。

でも、単に立地がよいというだけではありません。この村は「文化振興」を最優先政策に掲げていることも大きな要因です。例えば越中舟橋駅には、駅に隣接して大規模な図書館が建設されました。県からは「分不相応」と批判されたそうですが、そのおかげで、住民一人当たりの貸し出し冊数は年間29冊と、日本一だそうです。

また舟橋会館という270人収容の立派なホールもあります。住民の1割が訪れないと満席にならない「過剰設備」なのですが、各種の催し物が開かれ、住民がよく参加しているそうです。おそらく住民の方たちの学習意識が高いのでしょう。私も呼ばれて講演したことがありますが、三連休の中日であったにもかかわらず、ほぼ満席でした。公衆浴場も併設されています。

舟橋村は、住民の文化・教養のレベルを上げていけば人口は増えていく、ということの見本です。しかし村の文化振興策のなかで私がもっとも感心したのは、遊休農地を活用した農業政策でした。

この村も御多分にもれず、高齢化で離農する農家が増えています。そこで村が遊休農地を借り上げ、細かく区分けしてサラリーマン世帯に貸し出しているのです。実際のプロの農家に、農作物の作り方を教えてもらえる仕組みもあります。

私の経験からも、素人が農業を始めるには、プロの農家のサポートを仰ぐのがベストです。ところが、個人で指導を仰ぎたいと思っても、どうすればいいのかがわかりません。でも行政がそれやってくれるなら、こんなにうれしいことはありません。

都市で働き、文化的な刺激を受けながら、短時間通勤で、緑に囲まれた自宅に帰る。そしてきれいな空気を吸いながら、農作業で汗を流す。雨の日には、図書館で本を借りて読書にふける。理想的な「晴耕雨読」の生活です。こんな形で、現役時代はもとより、定年後も豊かに過ごせる環境が、人気の秘密なのではないでしょうか。

大都市近郊の都市も、この姿勢を学ぶべきだと思います。最近の地方都市は、大都会に引けを取らない魅力を作ろうと、さまざまに努力しています。しかし残念ながら、行き着く先は「箱もの」建設で、真に住民のニーズを汲み取った形になっていないように思います。せっかく税金を投入するのなら、もっと地味で、地に足のついた形で、住民ニーズをすくい上げるべきだと思います。

それはさておき、「富山まではとても……」という向きには、自分が住む都市のまわりを調べてみたらよいと思います。

例えば、長野県には「おためしナガノ」という制度があります。とりあえず長野県に住んでみて、テレワークなどで仕事をしてみるのです。おためし期間中のオフィスの使用料や引っ越し代、交通費などを県が補助してくれます。そうやって、とりあえずいまの仕事を継続しながら、近くの畑を借りて農業も始めるというのが、一番リスクの小さなやり方かもしれません。

いずれにせよ、大都会で高い家賃を払って、生活のために必死でお金を稼ぐ生活より、はるかに人間らしい生活が送れるはずです。

物件探しは移住候補地の隣接地を訪れること

では、移住を決意したとして、どんなところを探したらよいのでしょうか。「土地のことはその土地の人に聞く」のが鉄則です。でも、地方の人は部外者に対して、本当のことばかり語るとは限りません。まして、こちらが本格的に移住を考えている人間だとわかれば、「好印象を持ってもらいたい」という意識が働くかもしれません。すると「空気も水も、人間も素晴らしいですよ」いう当たり障りのない言葉が返ってきます。こんな言葉は「話半分」に聞くことです。

むしろ、目指す地域から少し外れた場所をあえて訪ね、「あそこはどんなところなんですかね？」などと尋ねてみるのが効果的です。

土地をリサーチする目的は、「いい話」を集めることではありません。むしろ、「嫌な部分」「最悪の部分」を知っておくことです。農村の人はどうしても「共同体」に気兼ねするので、自分のこと、自分たちの土地のことは語りたがりません。でも、よそのことなら、「ここだけの話だけどね」と、案外、おしゃべりになってくれるものです。

こんな相手が見つかったら、まず、病院や診療所などの医療環境や、救急車の搬送体制なども尋ねてみましょう。自治体によっては、救急指定の病院はあっても、医師不足や専門医不足で、都会以上にたらい回しにされることがあります。こうした「行政への不満」なら身内を敵にすることもないし、誰もが抱くものなので、淀みなく教えてくれます。

また生活に不可欠なインフラの状況、ガソリン代や燃料費のことも聞いてみましょう。地方では、ほんのちょっと自治体をまたぐだけで、意外に差が出たりすることがあります。

その土地のお寺の住職さんや駐在さんに話を聞いてみるのが有効だという人もいます。なるほど、です。地域のなかで菩提寺の住職さんと駐在さんは、村のヒエラルキーを超越した存在です。村のお寺は菩提寺として、住民たちの暮らしの相談にも乗ったりしているので、村全体の経済状態をよく知っています。一方の駐在さんは、いつも村の治安維持に目を光らせているので、集落の人たちの人柄や動向、家族関係などにも精通しています。もちろん、個人情報保護の問題があって、個々の家庭のことは教えてくれませんが、挨拶がてら話を聞きに行けば、村を取り巻く人や物の流れが把握できるというものです。

しかも彼らは心底、村の発展を願っていて、少しでも住民が増えてくれることを望んでいますから、「移住を考えているのですが」と正直に明かせば、包み隠さず教えてくれることが多いそうです。

こうして気に入った土地が見つかったら、まずは賃貸物件を借りて、住んでみることをおすすめします。実際に住むことに勝る「住みやすさ」「住みにくさ」の情報はないからです。だからこそ、まずは賃貸がいいのです。住みながら四季を体験して、本当に本格移住しても後悔しない土地かどうかを判断し、それから購入することです。

いま、地方は空き家物件が豊富です。多少古いけれど、驚くほど広い一軒家が、タダ同然で借りられることも少なくありません。地元の不動産屋を訪ねるのもいいですが、まずは役場に相談に行きましょう。地域によっては空き家を斡旋してくれる場合もありますし、それがなくても、物件の所有者や、地域の情報に詳しい土地の〝顔役〟を紹介してくれたりします。

そうすれば、都会とは違う、家屋の傷みの傾向や、その土地で暮らしていくのに必要な条件、補修や維持管理のコツなども教えてもらうことができます。そして、「ここならいいな」と思ったら買い取って、リフォームしていけばよいのです。

まず「借りる」からスタートしよう

いうまでもなく、農地の購入には土地代だけでなく、不動産取得税や固定資産税など、莫大な費用がかかります。特にマイクロ農業の場合は、まずは土地を借りることから始めて、本格的に広げたいと思ったら買い取るという方向が無難なように思います。

農地の借り入れは、いまはとても現実的になりました。農業従事者の高齢化に伴って耕作放棄地が増え、「農地を荒れ放題にしておくよりは」と、貸し出しをしてくれる農家も多くなっています。前述したように、農地法の一部が改正され、

- 各自治体の判断で下限面積を設定できるようになったこと。
- 引き下げる自治体は20年8月には1道1府38県324市町村に広がっていること。

・空き家に付随する場合は、1アールでも認められるようになったこと。
など、借り入れ規制が緩和されたことも追い風になっています。

また、農地購入時にかかった費用は必要経費として認められませんが、借り入れにかかった費用は認められるので、税金対策としても有効です。

では、農地の借り入れには、どのくらいの費用がかかるのでしょうか。2007年の調査によれば、畑の賃借料平均は10アール当たり1万円となっています。ただし、自分が育てたい作物や地域によって、必要面積や価格が異なってくるので、借り入れる前に、自分が育てたい作物の種類、営農資金の予算などをしっかりと組み立てておくことです。借り入れに関しての詳細は、全国農業会議所や市町村の農業委員会、新規就農相談センターに問い合わせてください。

とはいえ、簡単に借りられると思うのは早計です。一度農地を借りた場合、少なくともある程度の期間そこで農業をする約束をしないと、信頼が得られません。農家にとって農地は貴重な財産。信頼できる人にしか貸さないのは当たり前ですし、農家が「貸す」と言ってくれなければ、農業委員会の許可がおりません。自分がその土地で農業を続けられるかどうか、冷静に判断することが不可欠です。

農地の探し方としては、知人や研修先で知り合った人に紹介してもらうといいでしょう。また新規就農者を積極的に受け入れている自治体を探したり、全国新規就農相談センターなどに相談してみることもできます。各地の農業公社（地域の農地の有効な利用と合理化を目的とした農地保有合理化法人の一つ。都道府県の公社と市町村の公社がある）では、農地の売買や貸借の仲立ち支援をしてくれます。

でも、もっとも効果的な探し方は、「ここぞ」と思う土地を訪れて、「こんにちは」と声をかけ、農家の縁側に上がり込んでしまう方法です。面倒がってはいけません。その地元に足繁く通って、そこの「おじい」「おばあ」と友達になってしまうこと。可能なら農作業を手伝ってあげましょう。手伝いをしながら、「実は農業をやりたいと思ってるんですが……」と話せば、「うちの脇が空いているから貸してやるよ」とか、「あそこの土地が空いてるぞ」などと教えてくれることもあります。もしかしたら驚くほど格安になるかもしれません。

ただし、最初から理想通りの農地を借りられることは、なかなかありません。確保できる農地から始めて、時間をかけて周囲の信頼を勝ち取り、農地を替えたり、広げていくことを考えるのが賢明です。

最終的に農地を購入したいと考えた場合には、農業公社や農協などの公的法人の「農地保有合理化事業」という制度があります。これは、都道府県公社から5～10年にわたって農地を借り受け、経営が確立されれば、その土地を購入できるというシステムです。

必要な農機具は「頼み込んで」貸してもらう

家庭菜園や市民農園ならともかく、本格的な農業を始めるためには、道具や機械、設備が必要です。稲作農家になろうとするなら、田起こしに使うトラクターに、苗を植える田植機、稲の刈り取りと脱穀を同時に行うコンバイン、籾を乾かす乾燥機やもみすり機など、大掛かりな設備が必要です。

しかし畑の野菜を中心にするのなら、耕耘機や草刈り機があれば、最低限のことができます。野菜の収穫量が多くなるようなら自動選別機も必要になるかもしれませんが、最初からそこまでこだわらないほうがいいでしょう。

とはいえ、いずれにせよ安いものではありません。一般に使われる新品の20馬力トラクターで200万円。稲作の場合、一通り揃えると1000万円は下らず、大規模にやる場合は数千万円というケースもあるそうです。

そこで「農機貧乏」にならないために、最初は中古品やリースを検討すること。「買うより借りよう、買うのは儲かってから」をモットーにすることです。中古品はネットで探せばよいし、中古農機具専門のポータルサイトがあります。

リースやレンタルを活用するのも有効です。一年を通じて使うものなら長期のリース、年に数日しか使わないのならレンタルで十分です。トラクターやコンバインのレンタル料金の目安は、一日3万円程度が相場です。市町村では、農業機械や施設を貸し出している場合もありますし、リース代の一部を負担してくれる制度もあります。ただし「認定農業者」という限定つきの場合もあるので、必ず事前に情報収集することをおすすめします。

あるいは、農地を貸してくれる農家と親交が深くなれば、頼み込んで使わせてもらうという手段もあります。適切なレンタル料を払うことにすれば、空いている期間なら貸してくれるし、場合によっては「そんなものいらん！」と言ってくれるかもしれません。そう言ってくれたら儲けもの、代わりに畑仕事のお手伝いなどの「労働」でお返しすればよいのです。

このほか、全国新規就農相談センターが実施している「農業経営承継事業」を利用するのも効果的です。離農した農家が手放した農機具や施設などを格安で購入できるよう、斡旋してくれます。

ちなみに、新規農業就農者に必要なのがマニュアル車の運転免許だそうです。農作業に軽トラックは必需品です。でも、軽トラの多くがマニュアル車なので、オートマの免許では運転できないのです。マニュアル対応の免許をとっておくことが大事だと聞きました。また農業機械を運転する場合、畑の中では免許はいりませんが、公道を走る場合は必要になるので、これも準備しておくことが必要です。

「副業で農業」は可能なのか？

収入面の問題もよく考えておく必要があります。一足跳びに農業で生計を立てようとは思わないことが大切です。農家は収入が安定しないことが多く、日本では、農業と他の仕事を両立しながら生計を立てている「二足の草鞋」の兼業農家が多くいることからも、それがわかります。

農林水産省の統計では専業農家の割合は年々減少傾向にあり、現在は日本の農家の中では兼業農家が圧倒的です。２０１８年の専業農家は37万５０００戸、兼業農家は78万戸と、兼業農家が倍以上の数です。

その兼業農家にも二種類があり、大きく「第一種兼業農家」と「第二種兼業農家」に分けられます。農業とそれ以外の仕事を比較し、農業収入が多いのが第一種兼業農家、農業以外の収入が多いのが第二種兼業農家で、60％以上は第二種兼業農家です。

兼業農家としてよく見られるケースが、平日はサラリーマンなどとして働き、早朝や週末を利用して農業をするという生活スタイルです。これは、もともと代々農業をやっている家に生まれ、田んぼや畑や農機具は最初から揃っている人に多い働き方です。

この場合、サラリーマンとしての安定収入がベースにあるので、農作物の不作で年収が激減してしまうリスクがありません。また農地や農機具を揃える初期投資もかからないので、少ないコストで副収入を得ることができます。

ただし休日はほとんどありません。平日は会社で仕事をし、土日は農作業をするので、ほぼ毎日、働き続けなくてはなりません。農業は生き物や自然を相手にする仕事なので、自分の都合で農作業をストップさせてしまうわけにはいかないからです。

それでも「兼業農家」を続ける人が多いのは、やはり代々受け継いできた農地を耕作放棄地にはしたくないというのが大きな理由でしょう。

将来にわたる食料自給率を確保するためにも、こうした兼業農家の人たちが、代々の家業である農業を続けやすい環境や制度を整えることが急務です。そこで私は、これまで農業には縁がなかった人、例えばサラリーマンが副業として農業を始めるケースがもっと増えてもいいのではないかと思っています。いわば「兼業農家見習い」です。

平日は本来の勤務、土日や休日に農業なのですから、大変であることは間違いありません。でも空き時間を副業に充てられ、また自分自身で食料を確保できるのですから、農業に関心がある人には魅力的な選択肢といえるでしょう。特に最近は、インターネット環境さえあれば地方でも都会にいるのと同じように仕事ができるようになっています。リモートの仕事が可能な人には、ワークライフバランスを考えるうえでもとても有効です。

農業で本格的に収入を得ようと考える場合は、ビジネス面でのさまざまな準備をしなくてはなりませんが、趣味の延長線上から、まず野菜作りをしてみたい、田舎暮らしを楽しみたいという人には、兼業農家見習いはよい働き方といえるのではないでしょうか。

また、近年は若い世代で農業がブームとなり、都会から地方に移り住む人が兼業農家になったり、農業をしながら自営の仕事をしたりする「半農半X」と呼ばれる新しい働き方も生まれています。

兼業農家のススメ

『ビジネス・パーソンの新・兼業農家論』(クロスメディア・パブリッシング)という本があります。著者は井本喜久さんです。月の半分は広島で農業を行い、残りの半分は東京でインターネット農学校を運営する著者の、自らの体験に基づく「農業のススメ」です。

著者の主張は、「農家はカッコよくて、楽しくて、健康的で、儲かる」というものです。最初の三つは、私も全面的に賛同するのですが、最後の「儲かる」というところに少し違和感を覚えました。というのも、私自身が畑を借りて農作業をしているなかで、農業がいかに儲からないかを身に染みて感じているからです。特に、有機無農薬で農作物を作ろうとすると、手間ばかりかかってビジネスになりません。だから、サラリーマンが農に親しむ暮らしをしようと思ったら、都市近郊に住むことが一番現実的だと私は考えてきました。都市に出稼ぎに行って生活費を稼ぎ、自分の生きがいとして農作業をするというライフスタイルです。

しかし、井本喜久さんはむしろ農業をメインとする兼業を推奨しています。そのカラクリは、「2・4ヘクタールの農地で大豆をフル生産すると3トン収穫できる。それを豆のまま販売すると51万円にしかならないが、豆乳チーズに加工すれば3024万円になる」というものです。

私自身、大豆も作っているので、3トンの大豆を収穫するということが、気が遠くなるほど大変な作業だということは、よくわかります。でも、その対価がたった51万円というのが、いまの農業の現実です。これでは到底、ビジネスになりません。

しかし井本さんは「知恵を使え」と語り、それを実践しているのです。本書では、こんな形で農業をビジネスとして成功させているスゴイ農家のエピソードが、いくつも紹介されています。それを読んでいくと、農業は儲からないという見方が、先入観であることを思い知らされます。ただ同時に感じるのは、著者もスゴイ農家も、思考が柔軟で、努力家で、そしてクリエイティブだということです。

つまりこの本の登場人物はみな有能なのです。だから、この本を読んで、「誰でも農業で金持ちになれる」と思ったら、期待を裏切られるでしょう。ただ、有能な人しか成功しないというのは、他のビジネスでも同じ。この本の最大の価値は、農業がサラリーマンにとって独立開業の有力な選択肢であることを示したことだと思います。

農業は限りない将来性を秘めている

先ほど、農業を仕事にする人は年々減少していると述べました。「減少」と聞くと、不安になってしまう人も多いかもしれませんが、農業はさまざまな可能性を秘めた職業です。

日本人は、はるか昔から主食の米にはじまり、野菜や果物、花木などたくさんの農作物を育てる高い技術を持っています。海外からの研修や視察も多く、日本の農業はまさに世界でもトップレベルと言っても過言ではありません。

しかし、現状では日本で農業を仕事にする人の数が年々減り続け、また農業を続けている世帯の多くが、高齢化しており、後継ぎがいないことも大きな社会問題になっています。

ですがその一方で、時代の流れとともに国民の「食の安全」への意識が高まってきています。国産の食材への信頼感は揺るぎないものになっており、スーパーで販売する野菜にも生産者の名前を表記することが増えました。また、かつては農協や市場を通して一般に流通していましたが、最近ではインターネットを使って農作物を直販する農家も増えてきており、従来とは異なる形の販売スタイルで消費者に直接届けられるようになり、これまでより効率的に収入を得られるようになりました。消費者と直接つながることは、作物をアピールできるチャンスが増えるということで、ファンを獲得することにもつながっています。

近年、続々と農業分野に進出してきているのがベンチャー企業です。革新的な知識や技術を創造する中小規模の新興企業で、「スタートアップ企業」とも呼ばれ、主に「アグリテック」と呼ばれる農業（Agriculture）とテクノロジー（Technology）を組み合わせた分野で活躍しています。これは農業におけるさまざまな問題を、ビッグデータやＡＩ、ＩｏＴ（物販とインターネット通信をつなぎ最適制御する仕組み）などを利用して解決しようとする取り組みです。

アメリカのインターネット関連の大手グーグルも農業に参入し「スマート農業」の分野に着手し始めています。スマート農業とは、ＩＴや情報通信技術（ＩＣＴ：メール、チャット、ＳＮＳなど）を活用して、これまでよりも少ない労力で高品質な作物を作ろうと推進している新たな農業のことです。日本でも近年関心が集まっており、今後ますます「スマート農業」の市場規模は拡大することでしょう。

ただ、私は企業が経営する農業を信用していません。あくまでも私個人の考えですが、もっとはっきり言うと、「株式会社」は農業をやってはいけないと考えています。それは、彼らが基本的に資本主義の下で活動しているからです。農業は消費者の命を守る産業で、営利目的とは相反することが多くあります。

例えば、同じ命を守る産業である医療機関に株式会社は基本的に存在しません。なぜでしょうか。それは利益を追求する株式会社が医療を行うと、患者に被害が及ぶ可能性があるからです。株式会社の目標はたった一つ、利益を増やすことです。医療機関が利益を増やすのは簡単です。患者を検査漬け、薬漬け、入院漬けにして一円でも多く治療費を取ることです。

それと同じことが農業についても言えます。少しでも儲けを増やそうと思ったら、農産物の見栄えをよくするのです。そのために大量の農薬を投入して、虫に食われないようにします。遺伝子組み換えを多用して、少しでも収量の多い種や苗を使います。さらには、コストを節減するために大量の除草剤を撒きます。もちろんそんなことをすれば、消費者の健康を害するわけですが、消費者はなかなか気づきません。いろいろなものを食べますし、何を食べたかすぐに忘れますし、健康被害が出るのは、たいていの場合、時間が経ってからになるからです。

もちろん消費者の安全を守りながら、新しい技術によって、生産性を上げることまで私は否定しませんが、資本主義の利益追求はそんなところでは止まらないのです。

ですから、農業を始めようという方にお願いしたいのは、絶対に他人の資本を入れないで欲しいということです。農家には医師と同じレベルの高いモラルが要求されます。農業は消費者を守る産業なのです。

理科系人間ほど農業に向いている

農業は、地道な作業をコツコツと積み重ねながら、一つの農作物を育て上げるのが仕事です。

特に植物を育てるのが好きだった、あるいは動物の世話をするのが好きだったという人にはぴったりの仕事だと思います。

また農業は、自然とともに生活する喜びを感じることができる職業で、暑さや寒さはもちろんのこと、雨の量や雲の流れ、花や虫の変化など、農業を通して毎日自然の移り変わりを感じることができます。そこで、アウトドアを愛好したり、草や土の匂いがするところで働きたいと願う人や、毎日、朝日や夕日を眺めることをうれしがる人は、自然の中で過ごす農業を試してみるべきだと思います。

では、農業に必要な「スキル」というものはあるのでしょうか。私は「決断力」のない人は向かないと思います。多くは個人事業主なのですから、自分の畑や田んぼのことは自分ですべて決めなければなりません。組織に属していたときのように、上司の指示を仰ぐということはできないのです。自分自身の決断次第で、農作物の出来や売り上げが大きく変わることが、農家の大変なところでもあり、楽しいところでもあります。「どんな肥料を使うのか？」「農薬の量は？」「どんな品種を育てるのか？」「いつごろ収穫するのか？」などを、すべて自分で判断しなければなりません。

もっともこれは農業に限らず、あらゆるビジネスシーンで必要なスキルなので、さほど心配しなくてもいいかもしれません。ただ、「いずれは農業を」と思うならば、普段から自分で計画を立てたり、判断する習慣をつけておくことをおすすめします。

　また、意外に重要になるのが「コミュニケーション能力」です。「土地を相手に黙々と作業をするだけだからコミュニケーションなんて必要ない」と思われがちですが、そうではありません。その理由は、農業は一人でできる仕事ではないからです。繁忙期にはアルバイトやパートを雇うこともありますし、近年は外国人実習生を雇うことも少なくありません。彼らは「実習生」とはいう名前になっていますが、実質は労働者です。また近隣の農家や農産物の卸先、農業機器や資材メーカーの担当者、ときには消費者と直接コミュニケーションを図る必要も出てきます。周囲の人と助け合っていける人が向いているといえるでしょう。

　したがって、「コミュニケーション能力がないな」と自分で思う人は、最低限の能力を磨いておくか、それができる人の力を借りることです。ただ、決して「饒舌《じょうぜつ》」である必要はありません。必要なことを正確に、きちんと伝えられる能力があれば、「朴訥《ぼくとつ》」でも構わないのです。むしろ「寡黙《かもく》」なほうが、農家のイメージにピッタリするかもしれません。

　また、デジタル技術に詳しい人や数字に強い人は、これからの農業に向いています。近年、ロボット技術やＩｏＴ、ＩＣＴのデータをもとにして、省力化・精密化や高品質生産を実現する「スマート農業」が注目を集めています。

　日本の農業の現場では、依然として人手に頼る作業や熟練者でなければできない作業が多く、省力化、人手の確保、負担の軽減が重要な課題となってきましたが、先端技術を駆使したスマート農業を取り入れれば、農作業の負担が減り、新規就農者の確保につながるだけでなく、これまで「人から人へ」でしか伝えられなかった微妙な栽培技術の伝承に役立ちます。熟練農家の〝匠の技〟を若手農家に継承することが可能になるのです。

また、ロボットトラクターや、スマホで操作する水田の水管理システムなどを導入すれば、作業の自動化が図れます。そして、センサーで計測したデータを活用できれば、農作物の生育や病害を正確に予測することが可能になります。

これまでは農業を長くしてきた先人たちの経験や勘をもとに農作物を育てていましたが、現在は、気温や湿度、天候などのデータをとることにより作物の品質を上げ、より収穫量をアップできるような工夫がなされてきています。今後の農業はこうしたデータや数字を使う場面が多く出てくるため、数字や技術に強い人には格好の舞台になります。

支援資金制度を活用する

定年退職した人が退職金を注ぎ込むならともかく、若い人が新規就農を志す場合、最初に立ちはだかるのは資金の壁だと思います。

新規就農資金には二種類あります。一つは「営農資金」。機械や施設、農地購入や借り入れの頭金、リース代などの初期投資、肥料代、農薬代、生産資材にかかる費用です。

もう一つは生活資金。通常、農業を始めて経営が成り立つまでには最低3～5年といわれているので、その間の生活資金が必要になります。

全国新規就農相談センターが、全国の新規就農者を対象に行った「2016年度新規就農者の就農実態に関する調査結果」によると、新規就農者のうち「おおむね農業所得で生計が成り立っている」と答えた人は24・5％。今後の生計の目処については「就農1、2年目で目処が立ちそう」と答えた人は76・44％でした。新規就農者のうち、農業所得だけで生計が成り立っている人は少なく、野菜などを主体とする首都圏でも37％しかいません。

新規就農者が用意した自己資金は、農業を営むのに必要な「営農面」で平均232万円、生活面で平均159万円の、合計391万円です。

一方、初年度にかかった費用は、営農面だけで平均569万円。これに生活費が加わります。もちろん、これはあくまでも平均値で、自分が手がける農業の種類や土地柄によって、必要金額は大きく変わってきます。

明らかな不足です。この差額分をどう調達しているかというと、やはり借り入れです。そのうちの9割は農林水産省などの就農支援資金制度からのものです。制度資金は銀行などの一般金融機関からの借り入れよりも利子が低かったり、無利子の場合もあります。長期返済も可能なので、調べてみることです。

この就農支援資金は、いずれも新しく農業を始める青年（15歳～40歳未満）と中高年（40歳～65歳）が対象で、年齢や就農先の条件などによって限度額や返済期間が異なります。また都道府県や市町村で、独自の支援制度を設けていることもあります。例えば就農前の研修期間中の生活費や家賃、施設や機械・機具の購入費を援助してくれる制度、あるいは島根、鳥取、大分など就農人口が減少している地域では、就農から2年間、毎月15万円程度を「研修費」として支給してくれる制度もあります。詳しくは各地域の新規就農相談センターなどに問い合わせてみてください。

ただし、確実な返済計画を立てないまま、安易に融資を受けると破綻につながります。また万一、融資が受けられなかった場合に備えて、可能な限りの自己資金を用意しておくことが大事なのは、いうまでもありません。

販路を開拓する

農業を始めるのは、起業と一緒です。顧客に喜ばれるものを作るだけでなく、それをどう売るかを考えなければなりません。販売方法は、業者に販売を委託する「委託販売」と、自ら直接売りさばく「直接販売」があります。

委託販売には、農産物直売所に持って行って、そこで販売してもらう方法、もっと大規模に農協や流通業者などと契約する方法があります。農協に卸す場合は、そのほかの販路に比べて、少量でも買い取ってもらえたり、営農の指導を受けられるというメリットがあります。手数料も他の業者に比べて少なくてすむというメリットもあるようです。

その一方で、農協の枠組みに縛られ、他の農家と同じ価格で一律に並べられたり、ＪＡブランドで統一されるために、個性が出しにくいという面もあります。ただ、新規就農者向けの支援を受けられ、農機のレンタルなども利用できるので、安定していてデメリットが少ないという側面もあります。情報やサービスも得られます。

農産物直売所で販売してもらう方法は、生産者の写真付きで店頭に並べてもらえ、個性を打ち出せるというメリットがあります。「ただ単に農産物を生産できればいい」というのではなく、独自の工夫をしてブランド価値をつけていきたいと望む人には、この方法が適しているようです。自分が生産したものを美味しく食べてもらうようにレシピをつけたりして工夫する余地もあります。

では、自分の作物を直売所に置きたい場合は、どうすればよいのでしょうか。まずは自分の地域にある直売所を探し、３万円から５万円の「出資金」を払って会員になる必要があります。価格は自由につけられ、農協よりも高い価格をつけることもできますが、他の農家も同じようなものを出荷している場合は、よほど突出した個性を発揮しない限り、値段が高いと売れ残ってしまいかねません。

流通業者と契約し、都会の卸売市場や小売店で販売してもらう方法もあります。こちらも自分で価格設定ができ、農協よりは高めに設定できます。しかしここでも直売所と同様にブランド力が求められ、なおかつ品質や品数などの面で安定した供給ができることが条件として求められます。さらに販路の開拓のためには、足しげく通って、自分の農産物の優れたところをアピールできる営業力も求められます。

新規就農をする場合、まずはこうした販売方法を研究して、少しでも早く「営農」できるようにしていくことです。

と同時に、「ブランド力」をつける努力を怠ってはいけません。ＩＴ化の進展に伴い、インターネット販売がしやすくなり、直販の販路は広がっています。特に農家の若い人たちの多くが、この直販に魅力を感じていますが、実は、明らかなブランド力をつけない限り、直販では苦労するケースが多いようです。

直販は、委託手数料や出資金を払わないですむし、自分で設定した販売価格がそのまま自分の売り上げにカウントできるなどのメリットがありますが、生産から販売までを自分一人で負わなければならないという負担が生じます。手間がかかるのです。

「品質」や「美味しさ」「食の安全性」が大きなニーズになっている現在、それを売り物にした形で、全国のレストランや料理教室、個人の消費者と契約を結び、直接、商品を送る形態が広がっていますが、同様のビジネスを展開する産直農家も増えてきて、よほど〝個性的〟な農産物をアピールしないと、継続的に契約を結んでもらえなくなってきています。これまでのように「有機（無農薬）」「地産地消」だけでは、顧客が呼び込めなくなっているのも事実です。飲食店のメニューにフィットした作物や、他には見られない希少価値をアピールするなど、販売先のニーズを常に探って、たえず付加価値を更新していかなければなりません。また、販売先と密な信頼関係を構築することも大切です。

そこで、ブランド力をつけるために、志を同じくする仲間を探して、共同で商品を開発してはいかがでしょう。一人では無理な場合でも、何人かが集まれば、切磋琢磨して知恵を出し合うことができるはずです。あるいは共同で、小さな「産直レストラン」やカフェの開設を考えてみたらどうでしょう。自園の農産物を店のメニューに組み込めば、販売は難しくても品質がよい野菜や果物を効果的に消費することができます。お店が評判になれば、よりブランド価値が上がります。

加工品を共同開発して販売するという方法もあります。ジャムやジュース、漬物やお菓子、ドレッシング、缶詰や瓶詰など、製品の種類は多岐にわたります。生鮮品を売るよりも発売時期が限定されないので、農閑期の収入源としても期待できます。

ただしこれも一人ではできないので、単なる就農の枠を超え、完全に起業のレベルに入るかもしれません。

そのほかにも、個性的なパッケージを生み出したり、アフターサービスに工夫を凝らすなど、知恵を絞れば、ブランド力を高める方法は、必ず見つけられるはずです。

現代は「ブランド力」の時代です。ブランドを生み出すのは並大抵ではないですが、一度ブランドをしっかり作ってしまえば、例えば自分で農産物を生産しなくても、協力してくれる人たちに生産してもらって、それを仕入れる形も可能です。それを加工して自身のブランドを確立すれば、ビジネスの可能性は広がっていきます。作物を自分で作らなくてよくなったぶん、時間的余裕を持つことができ、新しいアイデアも生まれてくるかもしれません。

新規就農からスタートし、個性的な〝商品〟を作り出して、それをブランドに育てていく……農業は、そんな形で夢を広げていける分野なのです。

ただし、ブランド力は「こうすれば受けるはずだ」という考え方では失敗することを申し添えておきます。見えみえの〝ウケ狙い〟は、必ず見透かされます。

そうではなく、自分たちが「これしかない」と自信を持つものを、真っ向勝負で打ち出すこと。いわば「理念」を大切にし、決して曲げないことです。そんな思いを込めて、心底、自信を持って送り出した商品なら、商品から熱意があふれ出ます。その熱意が、消費者を惹きつけるのです。

日本には数多くの企業がありますが、自社の「理念」を強くアピールするところだけが生き残っていきます。強い理念があれば、商品開発もストレートになり、販売戦略でも、正面突破の力強さが湧き出てきます。反対に、確固たる理念がないと、一度苦境に陥ると意思がブレて右往左往し、結局、負のスパイラルに陥ってしまうからだと、私は思います。

地域の特産農家と近隣料理店が提携する例

私が住む所沢からは少し離れていますが、埼玉県の南部に蕨《わらび》という市があります。市としては面積が日本一狭く、人口密度が日本一のところです。

狭い面積のほとんどが住宅地のそこで、わずか1ヘクタールの土地を使って農業を続けている人たちがいます。収穫物は主に長ネギ、キャベツ、ハクサイ、ホウレンソウなど。そんな彼らが集まって、週に1回直売所を開き、収穫した野菜を販売しているのです。それ以外のものは市内の学校給食に回すそうです。

でも、都市部で広い土地を所有すると税金が高く、農業ではとても引き合いません。かつての農家は自分たちで食べる野菜を作るだけで、直売所で野菜を売れるほどの農家は4人しかいないそうなのです。そのほとんどが「道楽でやっている」と笑っているそうです。

しかし、知恵と工夫で面白い企画が持ち上がり、「この蕨産の野菜を地産地消のシンボルにしよう」と、市内の料理人と協力して、「ベジフェス」というイベントを開いたのです。天ぷら屋は「ネギとゴボウの天ぷら」に、添えるおろしダイコンも蕨産です。日本料理店にはそれぞれ、「彩り野菜の和風バーニャカウダ」「里芋コロッケ」「野菜たっぷりのとろとろ湯豆腐」など、美味しそうなものが並んでいました。それぞれ、市内の協力店で食べられるというので、市民にも好評です。

主催者は「できれば継続して続けていきたい」と言いますが、いまは期間限定です。それは、土地を提供してくれる農家の高齢化問題があるからです。中心になっている農家の方は85歳、元気な様子ですが、今後ずっと続けるというわけにはいかないかもしれません。

ここに都市型農業の問題点があります。農業の後継者を育てたくても、高い地価と固定資産税の問題が邪魔をします。いっそ、新規就農者やマイクロ農業をする人をネットワーク化して費用を分担し、〝共同農地〟のようにして、定期的に作物を供給できないものでしょうか。

コラム　半農半Xを県が支援――若者が「地域の担い手」に

行政による新規農業の支援策といえば、従来は専業農家育成がほとんどであったが、島根県は独自に半農半Xの担い手育成事業を継続して実施しており、注目されている。半農半Xとは、農業を営みながら、地域の多様な仕事に携わるライフスタイルのこと。最近、地方への移住する人の中には、専業的な農業ではなく、自給的な農業から田舎暮らしを指向する人も多い。こうした人を地域の新たな担い手として育て、定住してもらおうというのが、「半農半X支援事業」だ。

普通より10 cm長い特製の刈払機を手にする金田信治さん

この事業では、県外から移住して1年以内のU・Iターン者が要件を満たして「半農半X実践者」として認定されると、就農前の研修に必要な助成金として月12万円（最長1年間）が支給され、さらに就農後は定住定着助成として同額（最長1年間）が支給される。

この制度を活用して津和野町に移住した金田信治さん（29歳）は神奈川県鎌倉市出身。大学を3年で中退し、2年間引きこもっていたときに「新農業人フェア」に参加。たまたま最初に説明を受けた津和野町にひかれてIターンし、２０１４年４月から研修をスタートした。

農事組合法人で研修を受けた金田さんは、その法人に所属して農業に携わり、地域の草刈りなどでも頼りにされるかたわら、冬場は町内にある酒造会社で蔵人としても働いている。もともと農業だけでなく、お年寄りや地域の人が守ってきた伝統文化を受け継ぎ、伝えていきたいと願っていた金田さんにとっては、願ったり、かなったりの話だった。１８６㎝の長身で、「体力もあり、もりもり働く」金田さんは酒造会社からの評価も高い。

勤務する古橋酒造社長の古橋貴正さんと

この事業では、このほか、半農＋半除雪、半農＋半庭師など、多様な地域の担い手が育っている。農業に限らず、人材の確保に頭を悩ませている中山間地域で頼りにされている。地域の人たちにかけがえのない存在として頼りにされることは、都会で生き方を模索してきた若者たちが、新しい道を拓くことにもつながっている。

参考資料：持田隆之「半農半Xの魅力を伸ばす島根県の支援事業」『新規就農・就林への道』（シリーズ田園回帰⑥／農文協）

第5章

マイクロ農業で足元から「地球に貢献」

壊れ続ける地球環境

私が「農業は意義のある仕事だ」と思ってマイクロ農業を始めるようになったのは、地球環境問題に関心を持っていたからでもあります。そこでこの章では、地球環境問題などとからめて、マイクロ農業が持つ意義を語っていきたいと思います。

いま「地球が壊れ始めている」ことに、多くの人が危惧を抱いています。世界の温室効果ガスの排出量は2019年、過去最高を記録しました。イタリアのベネチアが高潮で頻繁に浸水するようになったことは、ニュースなどでも伝えられています。本来、乾燥地域であるはずの中東でゲリラ豪雨による鉄砲水が発生し、オーストラリアやアメリカのカリフォルニアでは、大規模な森林火災が頻発し、多くの動物たちも命を落としています。

日本でも、2018年の西日本豪雨をもたらした台風21号、翌年に千葉県に多くの被害を及ぼした台風15号、信越地方で北陸新幹線の車両基地を水没させた台風19号、そして九州熊本地方に大きな被害をもたらした豪雨などは、まだ記憶に鮮明に残っているでしょう。台風がこれほど凶暴化した原因は、地球温暖化により海面温度が上昇したからです。

2020年の気象庁気象研究所などを含めた日中韓のチームの研究によると、地球温暖化がいまのペースで進むと、台風の移動速度が遅くなるそうです。台風が減速すると暴風雨にさらされる時間が長くなり、洪水や土砂災害の被害が拡大するのです。

２０１９年は、台風15号と19号で2兆７５００億円という巨額の経済的損失が発生していま す。また２０１８年に河川が氾濫危険水域を超えた事例は４７４件で、２０１４年の約5・7倍に増えています。地球温暖化は現実に、日本列島に想像以上の危険をもたらしているのです。

資本主義が世界と人間を壊す

私は、地球環境をこれほど悲劇的な状態に陥れた元凶は、「グローバル資本主義」にあると考えています。これは私だけの考えではありません。

２０２０年の「ダボス会議」（世界経済フォーラム年次総会）は、環境にダメージを与えたのも、また、富裕層と貧困層の間に絶望的なまでに格差を広げたのも、グローバル資本主義だと断じています。

『フォーチュン』誌による「世界のもっとも偉大なリーダー25人」に選ばれたこともあるＩＴ企業経営者マーク・ベニオフ氏は、会議で「私の知る資本主義は死んだ」「株主の権利を最大にしようとするあまり、経済格差と地球環境に深刻な状況をもたらした」と述べ、現代の資本主義を批判したのです。

地球環境の面から、そのことを考えてみましょう。資本主義の発展によって、「富裕層」という人たちが生まれました。彼らの行動様式の象徴は、プライベートジェット機で世界中を飛び回ることです。彼らの時給単価はとても高いので、高いコストをかけても、時間のほうが大切だという理屈です。しかし、通常の定期便を利用するのと、わざわざプライベートジェット機を飛ばして移動するのでは、どちらが多くのエネルギーを消費し、温室効果ガスを排出するか、考えてみるまでもありません。「世界の富裕層トップ10％が全世界の二酸化炭素排出量の半分の排出に責任がある」という報告もあります。個人のプレイベートジェット機やスポーツカー、大豪邸がもたらすものだけでなく、彼らが支配する企業が、二酸化炭素排出を助長しているというのです。

少しでも地球環境を考えなければならない時代に、平気でプライベートジェット機を飛ばすような彼らの行動様式、そしてそこに潜む意識が、地球環境を破壊していくと言いたいのです。富裕層は都市の豪華なタワーマンションに住み、どこに行くのも専用の車です。しかも大型で燃料を大量に消費し、排気ガスを撒き散らす車です。マンションの部屋は広く、そのすべてが完全空調です。これに伴うエネルギーと温室効果ガス排出量もバカになりません。

現代社会では、多くが資本主義の「成功者」になりたいと考えています。それ自体は悪いことではありませんが、成功の果てに、到底一代では使いきれないほどの富を集め、それを自己の満足のために費やす。プライベートジェット、タワーマンション、大型車はその象徴で、それがどれだけ環境を痛めつけるかまで考えようとしません。まさに〝資本主義の権化〟が、地球の破壊者になっているのです。

そうした成功者に憧れる庶民も、決して責任を免れることはできません。庶民も莫大なエネルギーを消費して、あまり恥じることがないのです。温室効果ガスの排出量からいったら、庶民が出しているもののほうが多いでしょう。一人当たりは、富裕層よりもずっと少なくても、人数が圧倒的に多いからです。

庶民による典型的な環境破壊は、ゴミ問題です。日本の都市部で自治体による本格的なゴミ回収事業が始まったのは１９６０年代、高度成長時代のことです。それまでは民間業者がこれに当たっていましたが、そう大きな規模ではありませんでした。そもそも、それほど大量のゴミが出ることがなかったからです。食品ロスはほとんどなく、プラスチック製のレジ袋や食品トレイなどは使われていませんでした。野菜は新聞紙にくるまれ、醬油は瓶を持って買いに行きます。豆腐屋には鍋を持参して向かいました。

東京都の『清掃事業の歴史』という本では、１９４７年に約11万トンだった都内のゴミの量が、60年には１００万トンを超え、70年には３００万トンに達しています。約20年ちょっとで30倍になっているのです。それがピークを迎えたのは、バブル経済真っ盛りの89年で６１５万トン。その後、リサイクルやゴミ減量の取り組みが始まったために漸減傾向になっていきますが、それでも2017年は442万トンあります。高度経済成長が終わった75年が478万トンですから、ようやくそのレベルまで戻ったというのが現状です。

では今後、ゴミの量は大きく減っていくでしょうか。漸減傾向は続くと思いますが、残念ながら大きく減ることはないと思われます。

そこには、利益を増大させたいという企業の思惑があるからです。例えば飲料です。昔は飲料は瓶詰が主で、飲み終わった瓶は回収され、洗って再利用されていました。リサイクルです。しかし飲料メーカーにしてみれば、ペットボトルで使い捨てになれば、リサイクルコストがかからないので効率的です。

また、大部分のペットボトルはフィルムが貼られていました。私はフィルムを剝がす手間が余計なので、貼らなくてもよいと思うのですが、それでは商品がアピールできず、売り上げにつながらないのです。

お惣菜や肉などがプラスチックトレイにパックされているのも同じ事情です。昔のように、販売店がいちいち量り売りをしていたら、人件費が膨れ上がってしまうのです。見栄えがよく、すぐにレジカゴに入れられるトレイのほうが、消費者にも喜ばれるのです。

こんなふうに、資本主義社会は、消費者が必要とするかどうかではなく、企業側が売りたい商品を買わせていく仕組みになっています。ファッションに「流行遅れ」の感覚を生み出すのも、パソコンやスマートフォンで「新機能」を華々しく宣伝するのも、同じ理屈です。そして大量の広告宣伝をかけて、買い替えなくてもよい商品を売りまくる。それが企業の利益を拡大していくもっともよい方法だからです。

しかし、こうやって不必要なものまで買わせるから、世の中に商品が溢れかえるのです。資源が無駄に消費されるだけでなく、廃棄物は増える一方です。

『人新世の「資本論」』に学ぼう

『人新世《ひとしんせい》の「資本論」』（斎藤幸平著・集英社新書）というとても優れた本が２０２０年に出版されました。「人新世」とは「人類の活動の痕跡が、地球の表面を覆い尽くした年代」の意味で、本書では「経済活動が地球環境を破壊する」という趣旨が述べられています。

「気候変動を放置すれば、この社会は野蛮状態に陥るだろう。それを阻止するためには資本主義の際限なき利潤追求を止めなければならないが、資本主義を捨てた文明に繁栄などありうるのか」と著者は語っていますが、続けて「危機解決のヒントは、著者が発掘した晩期マルクスの思想の中に眠っている」とするのです。『資本論』を著述した、あのマルクスです。

私が経済学部の学生だった42年前は、マルクス経済学が必修科目でした。そのため教科書の『資本論』に何度も挑戦しましたが、あまりの難解さに挫折した苦い経験があります。そのときの悔しさもあって、その後多くの資本論の解説本や応用本を読んできましたが、この本はそのなかでも最高傑作と呼べる作品です。

この半世紀、世界を席巻したグローバル資本主義は、許容できないほどの格差と地球環境破壊を招いています。ところが、マルクスは当時から、環境問題を資本主義の究極的矛盾と位置づけていたことが本書で紹介されています。そのことは初耳でした。当然です。マルクスがそのことを明示したのは、『資本論』の後の晩年になってからだそうです。『資本論』を途中で挫折してしまった私が知る由もなかったのです。

資本主義には持続的成長が不可欠です。しかし、私もこれまで述べてきたように、それは地球を壊してしまうのです。そこで斎藤幸平氏は、問題解決のために、晩年のマルクスが構想した「脱成長コミュニズム」が必要だと提唱しています。

脱成長コミュニズムの具体的中身は、①使用価値経済への転換、②労働時間の短縮、③画一的な分業の廃止、④生産過程の民主化、⑤エッセンシャルワークの重視という五つが柱となると言います。

①と②は『資本論』にも記述されています。マルクスは「財」を利用することで得られる「使用価値」と「売買で得られる価値」を分けて考えていました。

資本主義は、価値を増殖させ続ける営みです。本来、これは「使用価値」をもとに増大していかないと実体が伴わなくなり、人間の幸福から乖離していきます。しかし現代の資本主義は「使用価値」よりも、「投機」や「消費を刺激して不必要なものを買わせる」ことに重きを置いています。「売買で得られる価値」を優先する経済は、人間を幸福にしません。むしろ、不必要で無駄な生産形態が環境を破壊しますし、生産性が劇的に上がっているにもかかわらず、利益や売上至上主義という〝虚構の経済〟を守るために、現代人は過労死するほどの労働をさらに強いられています。

斎藤氏は、こうした〝虚構の経済〟形態を改め、労働の自律性を取り戻せと主張しています。これが著者の最も重要な指摘です。資本主義が求める効率化は、労働者に画一的な労働を押し付ける一方で、本当に必要性の高い「エッセンシャルワーク」を低処遇に放置しているからです。「エッセンシャルワーク」とは、主に医療・福祉、農業、小売・販売、通信、公共交通機関など、一般の人々が日常生活を送るために欠かせない仕事のことですが、今回のコロナ禍でも、我々の社会生活の基礎を支えるこうした人たちは過剰な労働を強いられたり、不当な〝差別〟に悩まされました。

だから、生産手段を社会的所有に変え、意思決定を民主的に行うことが大事だと主張するのです。これまでずっと述べてきましたが、マイクロ農業が楽しいのは、意思決定を自分で行えるからです。利益を出す必要はありませんし、ノルマもありません。もちろん大規模農業と比べれば、生産性は低いのですが、莫大なエネルギーを使うわけでもありません。そして、それこそが地球環境を守ることにつながるのです。

斎藤氏の「資本主義を終わらせよう」という提言は、私がこれまでたびたび唱えてきた主張と一致します。資本主義の目標は「あくなき経済成長」ですが、それが世界を、そして社会を破壊しつつあるのだから、むしろ「スローダウンしよう」という意見です。

とはいえ、斎藤氏の主張は、かつて語られたような「清貧」ではありません。大多数の生活が豊かになるためのシステムを再構築しようという主張です。

私はその一環として「ガンディーの経済学」を主張し、マイクロ農業を提唱したのですが、斎藤氏は、もう少し幅広く、水や電力、森林などについても。営利企業に経営をまかせることをせず、市民が管理する公共財（コモンズ）に移行するという考え方に踏み込んでいます。

「なるほどなあ」と得心しました。

地球を破壊し尽くしてもなお貪欲に欲望を追求する、資本主義という〝魔物〟から、「社会全体の富」を市民の手に取り戻し、〝虚構〟の経済活動から、人々の役に立つ経済へと、軸足を移そうという提言です。スウェーデンの環境活動家・グレタ・トゥンベリさんのような若い世代に、「資本主義とは別の社会システムを目指そう」という動きはすでにありますし、市民電力やワーカーズコープ、市民会議など、小規模でも地域にコミットした新しい運動が、世界各地で誕生しています。

「個別に生じたこれらの運動を『コモン』という共通理念で結べば、大きな潮流になって、大企業や政党も動かせる。選挙だけでは社会は変えられない」というのが、『人新世の「資本論」』の基本的な考えです。「小さくてもチャーミングでクールな運動がつながれば、大きな力になる」というのです。

いま再び、〝利益追求のためにはなんでもあり〟の新自由主義に傾く日本社会に、斎藤氏の叫びがぜひ届いて欲しいものだと、私は願っています。ぜひご一読をおすすめします。

なぜ日本は原発に固執するのか？

いうまでもなく、地球温暖化を防止するためには二酸化炭素（CO_2）排出量を削減することが急務です。２０１７年の日本のCO_2排出量は、世界全体の３・４％を占めていて、中国、アメリカ、インド、ロシアに次ぐ5番目の多さなのです。これはエネルギー供給を火力発電に頼っているからです。２０１７年度の日本の総発電量に占める化石燃料の割合は82％となっています。

こうした現状を踏まえ、菅義偉首相は２０２０年11月のオンラインによるG20サミットで、「２０５０年までに温室効果ガスの排出量を実質ゼロとする」目標を示しました。一方で経済産業省は、2050年の総発電量に占める電源構成（各電源の割合）で、「再生可能エネルギー」を5〜6割、「燃焼時に二酸化炭素を出さない水素発電とアンモニア発電」を合わせて1割という案を示しました。

では、残る3〜4割をどうするのかといえば、原発と「CO_2を回収・貯蓄・再利用（カーボンリサイクル）する火力発電所」で賄うというのです。

「カーボンリサイクル」とは、CO_2を炭素資源と捉えて再利用する形で温暖化対策に取り組むというものですが、どんな資源として再利用しようとするのでしょうか。

まず化学製品です。ウレタンや、プラスチックの一種でコンパクトディスクなどにも使われるポリカーボネートなどの「含酸素化合物（酸素原子を含む化合物）」への利用です。次に燃料です。光合成を行う「微細藻類」を使ったバイオ燃料や、バイオマス由来のバイオ燃料が利用先として考えられています。また鉱物では、「コンクリート製品」や「コンクリート構造物」などを製造する際に、その内部にCO_2を吸収させるというのです。これ以外に、海藻や海草にCO_2を吸収させて貯留させる「ブルーカーボン」などが考えられています。実現できたらすごい技術なのだろうなと思いますが、開発には時間がかかりそうです。

でも、そこまでして日本政府は、なぜ「化石燃料」による火力発電にこだわるのでしょうか。相変わらず既存エネルギー政策に執着しているからだと、私は思います。

石炭火力発電で二酸化炭素を大量に放出し、それを吸収するための技術に30兆円もの莫大な資金を投入するくらいなら、再生可能エネルギーをもっと活用し、化石燃料依存体制を抑え込むのが先決ではないでしょうか。それなら、もっと効率的に温室効果ガスの排出を削減することができます。「二酸化炭素を原料とするコンクリートの開発」や「大気中の二酸化炭素を吸収するための技術開発を推進」などという、ピント外れの政策を堂々と表明しなくてもすむはずです。

そこで私は、日本政府はやはり「原発」政策を中心に据えているのに、それを隠すために「カーボンリサイクル」を打ち出したのではないかとにらんでいます。

それはいまの電力会社に対する〝配慮〟でしょう。政府の現行のエネルギー基本計画では、2030年の電源全体に占める原子力発電の割合を20～22％にすることを目標にしていますが、22％というのは、現存する原発をすべて再稼働させたときの水準です。

東日本大震災での東京電力福島第一原発の事故もあって、いまは日本にある多くの原発がストップしています。廃炉も相次ぎ、建設中の3基を含めて現在は36基です。今後、安全基準を満たせなかったり、耐用年数を超えて廃炉にせざるを得ない原発はもっと増えるでしょう。すべての原発に法律で定められた「運転期間原則40年」を適用すると、2050年には、建設中の3基が残るだけです。20年間の運転延長を認めても、23基にしかなりません。

そこで22％の比率を達成しようと思ったら、原発の新設や増設を進めていかなければなりません。だから政府内では「新設・増設の準備を始めるべきだ」という声が強いのです。したがって、「残りを原発とカーボンリサイクルの火力発電で賄う」という計画の裏には、原発の新設・増設、建て替えにつながる危険性があるのではないかと危惧しています。日本政府はいまでも、原発拡充の方針を捨てていないのです。

安全性を無視した原発再稼働

２０２０年12月、大阪地裁は再稼働を目指す関西電力大飯原発（福井県）３号機、４号機の設置許可を取り消す判決を下しました。設置を認可した原子力安全委員会が示す「最大規模を想定される地震の揺れ」の計算方式に疑問を呈し、「見過ごし難い過誤と欠落がある」とし、計算式を深く吟味しないで許可を与えた国の姿勢を批判したのです。大規模地震に伴う原発の大惨事は、東日本大震災で経験済みです。しかし国は、原発再稼働に前向きな姿勢を変えませんでした。この判決は、そうした国の姿勢に一石を投じた画期的な判決と言えるでしょう。

それでも、政府は原発再稼働に邁進する姿勢を崩していません。東日本大震災で被災した宮城県の東北電力女川原発２号機が２０１９年、再稼働の前提となる原子力規制委員会の審査に、事実上、合格しました。東北の太平洋側では、過去に大地震や津波が繰り返されています。また東日本大震災のときには、外部電源5回線のうち4回線が停止して、福島第一原発と同じような大惨事を引き起こしかねなかった原発です。でもその事実は無視されたのです。

現在、稼働中の原発は、玄海、川内、高浜、大飯、伊方という西日本にある5原発の9基です（うち停止中が6基）。でもそれ以外に、審査に合格して未稼働の原発が5原発7基あります（２０２０年11月時点）。

原発再稼働に対する政府のお題目は、「原発はクリーン」です。化石燃料のようにCO_2を排出しないので、地球温暖化を防げるという理屈です。

しかし、原発は放射性廃棄物の最終処分の方法さえ決まっていません。しかも、ひとたび事故を起こせば、とてつもない環境破壊をもたらすことは、福島第一原発の事故を持ち出すまでもありません。温室ガス削減は急務ですが、だからといって恐ろしいほどの環境破壊の可能性がある原発を推進するなんて、論理がねじ曲がっているとしか思えません。仮に全国民の意見を聞いてみたら、「多少電気代が上がっても、原発はノー」という人が大部分なのではないでしょうか。

では、大飯原発の判決後、この問題がどうなるかですが、国が黙って引き下がるとは思えません。おそらく最高裁まで争う姿勢を見せるでしょう。相変わらず、福島第一原発が引き起こした悲惨な環境汚染に目をつぶって、原発再稼働を断行するのではないでしょうか。

私たちは、「温室効果ガス削減には原発が最適」などという〝まやかし〟にだまされてはいけません。経済コストの面を見ても、原発の発電コストは1キロワット／時当たり10・1円とされていますが、安全コストの増大で、今後は確実に上がっていきます。これまで原発の最大のメリットとして喧伝されてきたのが低コストでした。ところが、安全対策の強化で、そのコストが急増していきます。一方、再生可能エネルギーのコストは急激に低下しています。それが原発のコストよりずっと安くなる事態は目前です。そうなれば、原発を再稼働したり、新たに建設する合理的な理由はどこにもなくなるはずなのです。

再生可能エネルギーは、もはやもっともコストが安い

私は、地球温暖化防止を真剣に考えるなら、再生可能エネルギー普及をもっと促進することだと考えています。「固定価格買取制度」という、太陽光や風力、地熱などの再生可能エネルギーの発電設備を設置した場合、発電された電力を20年間にわたって固定価格で買い取るという制度により、再生可能エネルギーの普及を促しました。その結果、2018年に全電力に占める太陽光発電の比率は、6・5％にまで高まっています。

しかも、10キロワット以上の産業用太陽光発電の買取単価は、制度の開始以降、毎年引き下げられ、2013年の36円から、2020年度には12円（50キロワット以上の場合）にまで下

落しています。

一方、現在の家庭用電気料金の1キロワット／時当たりの平均単価は、基本料金などすべてを含んだモデル世帯の場合で29円です。つまり太陽光発電の買取価格は、平均的な電気料金の約４割にまで下がっているのです。

２０１５年時点での電源別の発電コストは、原子力が10・1円、石炭火力が12・3円、ＬＮＧ（液化天然ガス）火力が13・7円、風力が21・6円、地熱が16・9円、一般水力が11・０円です（２０１５年、総合資源エネルギー調査会・発電コスト検証ＷＧ）。原発コストが安価のように見えますが、これには放射性廃棄物の最終処分費用や原発事故の補償や復旧費用は含まれていません。それらを含めた真のコストは、この2倍以上になるという見方もあります。

一方、大規模太陽光発電はこの時点で24・2円でしたが、２０２０年には12円にまで下落しました。つまり、温室効果ガスを排出しない再生可能エネルギーでも、特に太陽光発電は最もコストが安い発電方法なのです。

それなのに「現状の日本は、世界に比べて再生可能エネルギーの普及が立ち遅れている」と、認定ＮＰＯ法人環境エネルギー政策研究所の飯田哲也さんがその著書『メガ・リスク時代の「日本再生」戦略』（筑摩選書）で指摘しています。原因は、日本のエネルギーシステムが大手電力業者や官僚に支配されているからで、これを打破する方法として飯田さんは、「地域分散ネットワーク型」への転換を提言しています。

マイクロ農業が「地産地消」であることと同じように、再生可能エネルギーも「地産地消」のエネルギーなのです。太陽光も風力も地域の資源を使い、地域が消費する、地域に根ざした分散型の思想に基づくものだからです。それが社会の公益性、全体の便益につながり、人間社会と自然環境をどう調和させていくかという発想を育てます。

再生可能エネルギーという地域分散型エネルギーの普及は、日本に大きな経済的な恩恵をもたらします。いま日本は、石油、石炭、ウランの輸入に毎年、GDPの約5%を支出していますが、再生可能エネルギーで電力を自給できれば、このマイナス5%がゼロになる、つまりプラス5%の経済効果があると、飯田さんは指摘しています。しかも「GRP（地域レベルの経済的付加価値）」という地域の視点から見た指標では、エネルギー資源の輸入で毎年、5～10%のGRPが失われているそうです。地域社会でエネルギーの地産地消ができれば、それを取り戻すことができるというのです。

それだけでなく、これに関連した雇用も生み出すことができます。経済は、国家単位のGDPだけが指標ではありません。地域という〝毛細血管〟が潤うことが、社会全体の下支えになり、多様性も生まれます。本当の豊かさとは、それに支えられるもの。再生可能エネルギーが生み出す経済の多様性が、地域レベルの自立につながっていくはずです。エネルギー面では大手電力10社の地域独占支配の姿が変わること、そして農業面ではマイクロ農業が全国に広がること。それが地域の自立を促し、多様性ある新しい社会を作るチャンスになるはずです。

「営農ソーラー」で農業とエネルギーをドッキング

農業とエネルギーの連関では、いま全国で、農業法人やＮＰＯ農業団体が、「エネルギーの自給自足」を目指して、太陽光や風力発電システムを作る例が増えています。「営農型太陽光発電（営農ソーラー）」です。２０１９年3月現在、全国１９９２か所で稼働しているという統計もあります。

マイクロ農業も再生可能エネルギーも、ともに太陽と土地の恵みを受けて生まれるものです。そもそも農地は、日照がよい場所に設けられているので、太陽光発電にはうってつけ。そこで、耕作しながらそこを太陽光発電に利用するのが「営農ソーラー」です。農作物を生長させるためには太陽の光が欠かせませんが、太陽光のすべてを独占する必要はありません。農作物の生長に必要な量の太陽光を確保すれば、それ以外の分を太陽光発電に回せばいい……そんな考え方で、田畑の上に一定面積の太陽光発電パネルを設置し、その下で耕作をする仕組みです。すると太陽光発電パネルが明け方の放射冷却を防止するので、真冬の霜を防ぐことができ、また真夏の猛暑の直射日光を防ぐこともできます。

また、バイオマスエネルギーを利用する形なら、そこに「循環」という考え方が加わります。太陽で育てた作物を食料にし、その廃棄物をバイオマスエネルギーとして利用して作物の栽培に利用し、太陽がそれを後押しするという、エネルギー循環の仕組みです。

こうした営農ソーラーになれば、農家の所得も安定します。農地に太陽光パネルを設置し、それを農業に役立てるだけでなく、電気を作って売る立場になれば、その収入をベースにして、さらに新しく高付加価値を伴う農業に踏み出すことができるかもしれません。

農家本来の事業である作物の生産・販売以外に、例えば地産地消レストラン、オーガニックカフェ、そして前に紹介した「住み開き」を核にしたアート展開、あるいはグリーンツーリズムなど、いろいろな展開を模索することができます。それは、地域に新たな「職」を生み出し、個人個人がさまざまな能力を発揮できる可能性をもたらします。

農産物だけでなく、農業に不可欠なエネルギーまでこんな形で自分たちで生産できれば、人間生活に不可欠な〝絶対条件〟を手に入れることになるのです。多少の世界情勢の変化があっても耐え忍ぶことができます。

小さな力を集めて「地域のエネルギー」を支える

とはいえ、誰でも営農ソーラーができるわけではありません。そこでいま、個人個人が資金を拠出して営農ソーラーを支えたり、あるいは、共同でエネルギーの地産地消を推進する仕組みが広がっています。その一例が飯田さんの前述の著書で紹介されています（『メガ・リスク時代の「日本再生」戦略』「各地に広がる市民風車」）。

それは北海道浜頓別町の人たちが出資して建築した風力発電用風車「『はまかぜ』ちゃん」のケースで、２００１年、北海道生活クラブ生協のＮＰＯ法人「北海道グリーンファンド」が設立した、日本初の〝市民風車〟です。

この生協は、原発反対運動にも積極的に取り組む道内有数のエコロジー系消費団体で、北海道電力の泊原発に反対する住民投票の直接請求署名にも協力し、泊原発を停止寸前まで追い詰めたこともあります。その一方で、かねてから「原発や化石燃料に頼らず、再生可能エネルギーによる電気を自分たちで作りたい」と考えていました。そこでまずその趣旨を実現するために、有志による電気の共同購入を始めました。

それは、賛同してくれた人に対してのみ、電気料金を多めに徴収するというもの。そしてその分をファンドとして積み立て、再生可能エネルギーを作る資金にするという趣旨です。

共同購入には１０００人ほどが参加し、集まった原資約１０００万円を基に始められた事業が市民風車です。飯田さんも発起人の一人だそうですが、呼びかけに応じて弁護士や税理士、金融機関、風力発電事業者などが手弁当で参加したほか、賛同者から億単位の資金が集まり、風力発電出資の仕組みが出来上がりました。「泊原発の稼働を阻止できるなら」と、内緒で貯めたヘソクリを出資した主婦もいたといいます。最初はケンもホロロだった地元金融機関も、出資が集まるのを見て、4000万円を融資したそうです。

やがて総額2億円をかけて、1000キロワットという、日本初の市民風車が完成しました。採算性は十分で、毎年3％の配当を出し、2018年には計画通りに配当と元本を戻し終えたそうです。

そして、この成功が契機になって市民風車は全国に広がり、青森、秋田、茨城、千葉などで現在、14基が稼働しています。

こんな形で地域に支えられたエネルギーが増えれば、エネルギーを核にした「参加型デモクラシー」が出現するでしょう。エネルギーの自立を通して、地域の自立実現に参加し、行動すること。これなら、その気持ちさえあれば誰でも参加できます。それは単に経済的側面での消費者や生産者としてあるだけでなく、自分たち自身が社会にコミットし、地域社会をよりよい方向に向けていくことにつながります。それは人々の意識や社会を成熟させ、市民社会の自立を促します。そればかりか、災害に対するエネルギー面での備えも強くさせます。

営農ソーラーと市民風車、形態はさまざまですが、どんな形であれ、地域のエネルギー自立を自分たちで実現していくという意識が、もっともっと発展していってほしいと、私は願っています。

マイクロ農業を、世界を考えるきっかけにしよう！

エネルギー問題だけではありません。いま、地球上では温暖化や砂漠化、海洋汚染などさまざまな環境問題が取りざたされています。農業分野も例外ではありません。化学肥料や農薬の過剰散布、家畜糞尿《ふんにょう》の不適切な処理など、環境への悪影響が懸念されています。

つまりいまの世界と日本の実情は、「人間らしい暮らしをどうしたら守れるのか？」という、発想からかけ離れているとしか思えません。それを解決する手段の一つがマイクロ農業だと、私は考えています。それは、自分だけでも格差社会の不合理から抜け出す道であり、また、「自分のことは自分で守る」という生き方を実践する道だと思うからです。

私たちが日々食べている食べ物を考えてみましょう。安くて美味しいものを食べたいと思うのは当然ですが、それ以上に大切なのは、「安全で安心」なものを食べることです。

しかしこの分野でも、強欲な資本主義が、私たちの「安全・安心」を脅かしています。

アメリカにモンサントというバイオ化学メーカーがありました。いまはドイツのバイエルに買収されて社名は消えましたが、この会社の主力商品は、ベトナム戦争で使われた「枯葉剤」です。これは植物を無差別に枯らすものです。

自分でやってみてよくわかるのですが、農業の最大の敵は雑草です。だから農家は農薬を使います。手作業で雑草を除去していたら膨大な手間がかかってしまうからです。しかし、強力な除草剤を使うと、肝心の作物そのものの生育も阻んでしまいます。

そこでモンサントは、「ラウンドアップ」という強力な除草剤とセットで、「ラウンドアップレディ」と名付けた作物の種子を売り出しました。ラウンドアップに耐性を持つ種子です。これは遺伝子組み換え操作で作り出したものです。

畑一面にラウンドアップを散布しても、この種子から育った作物は育ちます。しかもモンサントは、ラウンドアップレディからは種を取れないようにしていたため、農家は作付けのたびに種子を買わなければなりません。これでこの会社は、莫大な利益を生み出すようになりました。

しかし、このモンサントのビジネスが、大きな健康被害をもたらすことが明らかになったのです。簡単にいえば、ラウンドアップが過剰に散布された結果、これへの耐性を備えた雑草が出現してしまったのです。そこでモンサントは、新たな成分を主にした農薬を売り出しました。しかしこれは、科学的な裏付けがなされていないもので、近隣農家への影響や安全性が担保されないまま、市場に出てしまったのです。

そしてモンサントは、販売承認を得る前に、これに耐性を持つ遺伝子組み換え種子を売り出してしまいました。その結果、新農薬を散布した農家の近隣で、新型種子に移行していない農地の作物が全滅してしまう被害が続出しました。全米でこの被害を受けた農家は、推定で3100万エーカー（約12・5万平方キロ）に上るといいます。でもモンサントは、非を認めません。「農家が適切な方法を取らなかったのが原因」というのです。まさしく〝貪欲な資本主義〟を象徴するような出来事です。

農地を、特定の除草剤に耐性を持つ作物しか育たないようにするということ自体、深刻な環境破壊です。でもそれ以上に深刻なのは、その作物を食べる人間への影響です。

そもそも遺伝子組み換え作物が本当に安全なのかは、まだ科学的な検証が不十分なのです。それに加え、強力な除草剤を吸収して育った作物というのですから、危険のダブルパンチです。雑草を全滅させてしまう除草剤まみれの作物が安全であるはずがありません。

先ほど「ポストハーベスト」について述べましたが、倉庫に貯蔵中や輸送中にカビが生えたり、腐ってしまわないように、収穫後の穀物や果物に農薬を散布することを言います。人間の遺伝子は、除草剤に耐性を持つように作られていません。食べる直前に農薬をかけたら危険だということは、常識以前の問題です。現に日本では、ポストハーベストは禁止されています。

ではなぜ、健康への影響や安全性を無視して、農薬や遺伝子組み替え作物を流通させようとするのか。それは利益を第一に考えるからです。自分たちの利益追求の前には、人間の健康など二の次なのです。

実は、日本も、この動きに追随しています。批判にもかかわらず、新型農薬の使用量は増え続けましたが、その後、新型農薬の成分が健康被害の原因になるという報告がなされ、使用禁止の動きが広まりました。ヨーロッパ各国は使用を禁止したほどです。

しかし日本は、残留基準を、品種別に従来の5倍から400倍まで引き上げたのです。「これ以下なら安全性に問題はない」という安易な考え方ですが、日本は国際農業資本に〝忖度《そんたく》〟して、食糧の安全基準を緩めていることにほかなりません。私に言わせれば「国民の健康を犠牲にしても、国際農業資本にいい顔をしたいのか」というところです。

実は、農薬の大量使用は、日本国内でも同じように行われているのです。例えば味や品質に何ら問題のない農作物でも、ちょっと見た目が悪ければ、それを防ぐために農薬を使うのです。典型的な例は、カメムシが稲のもみの汁を吸うときに出現する「黒い斑点」があると、その混入率で米の等級が下がり、取引価格が下がるために、農家はカメムシ駆除に農薬を使います。「黒い斑点」は安全性にも味にも何ら影響はないのに、です（参考：『日本が売られる』堤未果著／幻冬舎新書）。

これは、我々消費者にも責任があります。消費者が習慣的に行っている「きれいな野菜を選びたい」という意識が、知らず知らずのうちに環境破壊の一端を担っているのです。

私は自分で野菜を育ててよくわかりましたが、例えばキュウリでも、自然のままでは真っ直ぐなものはできません。追肥や水やりを繰り返さないとキュウリは曲がってしまうのです。ナスもいろいろな形になりますが、ほとんどはスーパーの野菜売り場ならはねられる形のものばかりです。ハクサイは多くに黒い斑点がつきます。これは、栄養分を土中から吸収し過ぎて、ポリフェノールが固まっただけなのですが、これも見た目が悪いので、消費者が手にとってくれません。

葉物野菜は、無農薬で育てていると、決まって虫がつきます。虫に食われた野菜も嫌われます。「美味しいから虫が食べるのだ」と思うのですが、消費者はそれを嫌がるのです。

見た目が悪くても安全性や味にはまったく問題がないのに、消費者が嫌うから、膨大な無駄が生まれると同時に、余分な農薬を使うことになって、環境破壊を促進しているのです。マイクロ農業をやっていると、こういうことがよくわかります。

「環境を守る」循環型農業

こんな状況の中で、過剰農薬や余剰生産物などを減らし、資源を再活用し循環をさせていくための取り組みが盛んになっています。それが「循環型農業」です。環境への負荷を減らし、持続可能な農業を目指す動きです。

農業が環境に与えるリスクには、さまざまなものがあります。
・化学肥料や農薬の施用過多による大地の疲弊。
・ビニールハウスなど加温する施設での化石燃料の多用による地球温暖化への影響。
・プラスチック資材による有害物質の発生。
・家畜の糞尿《ふんにょう》の不適切な処理で発生する水質汚濁や悪臭。
・過度な除草や耕耘のしすぎによる表土の流出や水質汚濁。

生産効率を追求してきた結果、除草という重労働をしなくてすむ化学農薬への依存度が高まり、その一方で、資材の過度の利用や不適切な管理で、農業生産が環境に負荷を与えるようになっているのです。

これらに対し、家畜の糞を肥料として再利用したり、稲わらをプラスチック資材の代わりに用いたり、牧草を育てることで土壌を豊かにしつつ家畜の飼料に変換したりして、環境負荷を抑えるのを目的とする農業、それが循環型農業です。例えばこんな例が挙げられます。
・畜糞堆肥を畑に施用し、それで育った牧草や穀物を飼料として利用する。

これを「耕畜連携」と言います。牛や豚、鶏などの糞尿を発酵させ堆肥化し、それを畑へ還元する。その畑で育った牧草や穀物などを飼料として再度家畜へ供給するというもので、循環型農業の最もポピュラーな手法の一つです。有機物の投入によって肥料代が抑えられることや、土壌が豊かになる効果もあって、地域のブランド化のツールにもなっています。

私の住む埼玉県のJA榛沢（2019年、JAふかやと合併）では、管内のすべてのブロッコリー農家が、肉用牛の肥育農家から提供される堆肥を使って生産し、「菜色美人」ブランドで販売しています。堆肥の投入で水はけがよくなり、ブロッコリーの甘みが増すなど、品質が向上します。畜産農家にとっても、堆肥の販売で糞尿の処理コストを賄えるというメリットが生まれます。

ただしデメリットもあります。堆肥化させるための施設が必要ですし、堆肥を投入しすぎると汚染につながったりするため、いかにバランスをとるかが重要となります。

また、サトウキビの産地である鹿児島県の奄美大島では、奄美市有機農業支援センターという施設をつくり、製糖段階で発生する副産物を活用した資源循環型農業を実践しています。副産物と牛糞、鶏糞、島内の木材チップセンターから受け入れる樹皮などを混ぜ合わせて堆肥を製造し、サトウキビ生産者や野菜や果樹の生産者に販売する形です。また、サトウキビの茎の先端や葉は栄養価が高く、牛が好んで食べるため、飼料としても利用されます。

サツマイモのツルを飼料に利用する例もあります。鹿児島県では、でん粉などの原料となるサツマイモのツルを飼料化するための機械の開発や、牛への給与試験をしています。サツマイモのツルは、水分を調整して発酵させるなどの処理を施せば、牛の飼料として喜ばれることが明らかにされています。この取り組みが広がれば、地域での循環に貢献することとなります。

・アクアポニックス

水産業を意味する「Aquaculture」と水耕栽培を意味する「Hydroponics」という言葉をかけあわせた造語です。魚やエビ、巻き貝などの排泄物を微生物が分解し、それを栄養源にして植物を生育させる方法です。西暦1000年頃と、古くから始まったという説もあります。

土づくりや水やりが不要で、病気や虫害も抑えられることから、有機での取り組みも可能となりますが、設備の導入に初期費用が高くついてしまうことや、淡水魚の需要不足、生産物の販価が見合わないことなどの課題が残っています。また水産知識と農業知識が求められるため、事業を回せる専門知識を持った人材の育成が不可欠です。

・アイガモ農法

「アイガモ農法」も、自然農法の一つとしてよく知られています。田植えが終わった田んぼにアイガモを放つことで、除草・防虫効果や、糞尿による肥料効果が得られます。最終的にアイガモは人間の食料にもなります。しかし、除草剤や農薬が不要になるものの、役目を終えた後のアイガモをいかにして処理するかが課題となっています。解体処理に手間がかかるうえに、国内で流通させようとしても、コストが見合わないため、販売も難しいのが現状です。

全国でこうした取り組みは着実に増えているのですが、問題はその事業性です。まだ市場は、

「循環型農業」という付加価値を、全面的に評価してくれるまでには至っていません。やはり手間暇がかかる分だけコストが高めになるのが難点です。効率主義の現状の農業と比較すると価格が高めで、十分な競争力があるとは言えません。

政府は認定制度などを設けて推進し、支援制度も設けていますが、やはり私たち消費者の意向がカギを握ります。国内の「エシカル消費」にもっと熱心になって、応援する気運を高めていかなければなりません。

ボランティアが農業を支援する「三富循環型農業」

またまた私の近くの事例で恐縮ですが、埼玉県の「三富地域」では、市民ボランティアが農家と一体になって循環型農業を支えています。

「三富地域」とは1690年代（元禄時代）に開拓された「三富新田（上富・中富・下富）」を中心に、川越市、所沢市、狭山市、ふじみ野市、三芳町にまたがる約3200ヘクタールの土地です。農地が5割、林地が2割、その他が3割という構成です。一軒当たり約5ヘクタールの短冊状の土地に、屋敷地・畑地・雑木林を整然と配した地割景観が残され、武蔵野の面影をいまにとどめる土地です。開拓当時、林地はすべて平地林で、薪として、落ち葉堆肥として、さらに家の建築材や農具の材料として広く利用され、農家の生活になくてはならないものとなっていました。

この地区は、「川越いも」で有名なサツマイモをはじめ、ホウレンソウ、サトイモ、カブ、ニンジン、ダイコン、ゴボウなどの生産が盛んな、全国有数の露地野菜産地です。いまも多くの平地林が残り、首都圏30キロ圏という、まさに〝トカイナカ〟に位置していながら、コナラやクヌギなどの落葉広葉樹の落ち葉を堆肥として還元する循環型農業が、いまなお多くの農家で続けられています。

この地域は都市近郊に位置することから、バブルの時期、土地の評価額が高騰し、相続に伴って、林地が産業廃棄物の処理施設や倉庫、墓地などに転用される事例が増えてきました。しかし、1998年に起こった「ダイオキシン騒動」に端を発し、地域住民や農家から「産業廃棄物処理施設の撤去」「相続税対策としての平地林の保存」などの熱心な声が上がってきました。そこで埼玉県や関係市町、農業協同組合が対応した結果、生み出されたのが「循環型農業応援システム」です。

個々の農家の努力だけでは地域の平地林管理に限界があることから、地域では、農家と都市住民による「協働」を促進するネットワーク「さんとめねっと」への参加者の拡大に取り組んでいます。広範囲に都市住民などのボランティアを募集し、この地域の魅力を多くの人に伝え、実感してもらおうという取り組みです。2020年3月末現在で会員数1407人と人数は多

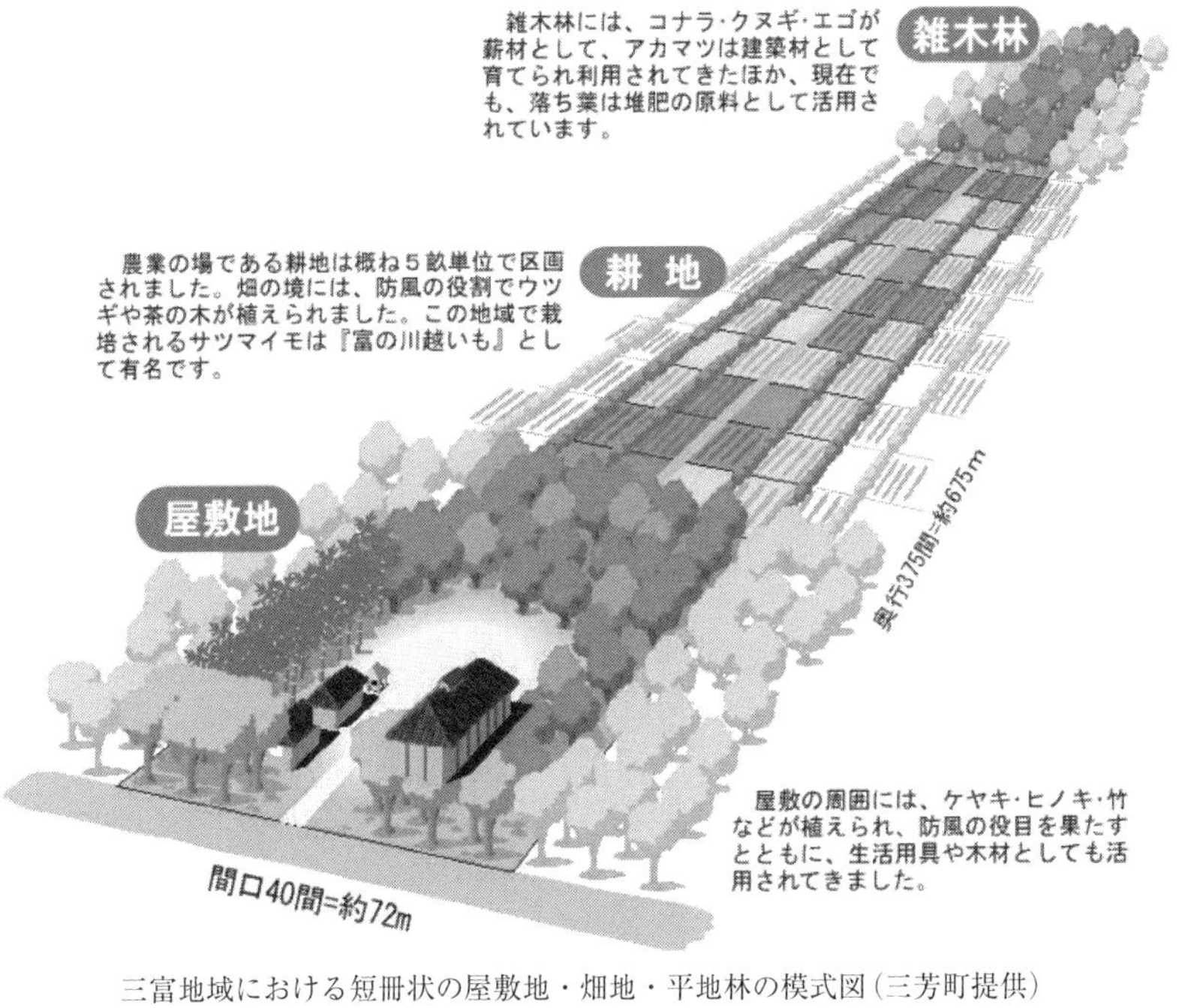
雑木林
雑木林には、コナラ・クヌギ・エゴが薪材として、アカマツは建築材として育てられ利用されてきたほか、現在でも、落ち葉は堆肥の原料として活用されています。
耕 地
農業の場である耕地は概ね5畝単位で区画されました。畑の境には、防風の役割でウツギや茶の木が植えられました。この地域で栽培されるサツマイモは『富の川越いも』として有名です。
屋敷地
奥行375間=約675m
屋敷の周囲には、ケヤキ・ヒノキ・竹などが植えられ、防風の役目を果たすとともに、生活用具や木材としても活用されてきました。
間口40間=約72m

三富地域における短冊状の屋敷地・畑地・平地林の模式図（三芳町提供）

くないものの、「毎年、必ず参加する」という熱心な人が多いといいます。その結果、いまでは秋の収穫体験や冬の落ち葉掻き体験などに希望者が殺到し、農家では、平地林から掻き集めた落ち葉を発酵させ、堆肥として利用することが、いまも続けられています。

行政まかせにしないで、「循環型農業を核とした三富農業を守ろう」という強い気持ちを農家と都市住民が共有し、活動を通じて地域の魅力を発信していこうという姿勢、これが循環型農業への理解と発展を促進させるモデルになるのだと思います。

「フードテック革命」にどう対峙するのか

「フードテック」という言葉をご存じでしょうか。「食（フード）」とテクノロジーを合わせた造語で、主に最新技術を駆使して新しい食品や調理法を開発することを意味します。

例えば、肉をいっさい使わず、植物由来のたんぱく質で作ったハンバーグなどが挙げられます。特に新型コロナウイルスの感染拡大を機に改めて関心が集まり、環境に優しく、ヘルシーな食品として注目を集めています。

これに関連して最近、中国の習近平国家主席が「飲食の浪費を断固阻止する」という指示を出しました。この指示の背景には、食料不足への危機感があるとみられています。

食料不足が懸念される理由は、三つあります。一つは世界の人口増です。国連は世界人口について2030年に85億人、2050年に97億人、2100年に109億人に達するという予測を発表しています。日本は人口減少が避けて通れませんが、世界レベルでみれば、人口増加は今後も続いていくのです。

二つは、肉食化の進展です。所得水準が上がると、人々は肉類を多く食べるようになります。いまの中国がまさにそうです。ところが、人間が直接穀物を食べるのと比べると、穀物を飼料にした動物を食べる肉食の場合は、エネルギー効率が20分の1程度に下がるのです。つまり、肉食では20倍の穀物生産を必要とするということです。

三つは、新型コロナウイルスの世界的な感染拡大に伴う食料供給への懸念です。感染拡大で、農業労働力が不足すれば、食料供給に深刻な影響が出るのは確実です。そこに異常気象が重なれば、食料供給が急減する可能性も否定できないでしょう。

こうした懸念に対して大きな力を発揮するとみられるのが「フードテック革命」です。科学技術が食の世界を大きく変えようとしているのです。

フードテックは食料の生産だけでなく、加工、貯蔵、輸送、調理、デリバリーと幅広い分野に広がっていますが、最も注目を集めているのが、食料生産の分野です。例えば、いま世界では植物性プロテインの開発競争が激化していて、代替肉の分野では、すでに商品化もされています。米国のインポッシブル・フーズは、小麦やジャガイモのたんぱく質から作る代替肉を

2020年からスーパーマーケットで販売し始めました。現段階で代替肉は「ひき肉」レベルですが、将来的には外観も食感も本物の肉に近いものが作られるものと思います。肉だけではありません。植物性プロテインを用いた〝魚肉〟の開発も行われていて、すでにマグロのトロが開発段階で作られ、もうすぐ発売されるという見方も出ています。

肉類ではなく植物性プロテインを食べるようにすれば、我々人間が摂取するエネルギー効率が上がりますから、食料危機を避けることができるはずです。私は将来、必ず、そうなっていくと考えています。

ただし、危惧もあります。フードテックが変える食材は、植物性プロテインに限らないからです。すでに収穫量の多い穀物の種子が遺伝子組み換えで作られ、雑草を防ぐための強力な除草剤が撒かれ、そうした除草剤に耐性を持つ穀物の種子が、これも遺伝子組み換えで作られています。これまで自然の恵みを得る仕事だった農業が、科学技術の進化で、まるで工場でモノを生産するように生産性上昇を追求する産業に変わってきているのです。こうして作られた食料の安全性については、これまで再三、述べてきた通りです。

繰り返しになりますが、私が提唱するマイクロ農業は、とてもビジネスとして成り立つ仕事ではありません。堆肥や資材の費用や、除草のための労力がかかりすぎますし、虫食いだらけで見た目もよくない野菜は、そもそも販売できないのです。ただ、そうやって育てた野菜は、

「大地の味」がします。科学的に安全が保証されたフードテックの作り出す農産物とは、まったく別物なのです。

また、フードテックが作り出す農業は、生産性重視の大量生産です。だから、そこで働く人は、生産システムの歯車になってしまう。

私と同様に野菜作りをしている定年後のサラリーマンたちが強調するのは、「手をかければかけるほど、それが実りとなって返ってくる達成感がうれしい」ということです。しかしフードテックは、こうした働く喜びを奪ってしまう可能性があるのです。一国一城の主だった商店街の店主が、大型店の進出で店がつぶれ、やむなく大型店で働くようになると、店主時代の生きがいが失われてしまいます。これと同じです。

現在、日本は世界と比べて、フードテックの分野ではまだ後手に回っています。でも、それが幸いしているのです。だからこそ、それにどう対峙すべきか、しっかり考えておく必要があると思っています。

農業はＳＤＧｓに密接につながっている

コロナ禍で、私たちの価値観は大きく変わりました。何が人生にとって真に大事なことなのかを、改めて考える時間がもらえたからです。暮らしのなかの「無駄」を省くこと、「物より

SDGsの目標

1　貧困をなくそう あらゆる場所のあらゆる形態の貧困を終わらせる。
2　飢餓をゼロに 飢餓を終わらせ、食料安全保障および栄養改善を実現し、持続可能な農業を推進する。
3　すべての人々に健康と福祉を あらゆる年齢のすべての人々の健康的な生活を確保し、福祉を促進する。
4　質の高い教育をみんなに すべての人々に包摂的かつ公正な質の高い教育を確保し、生涯学習の機会を促進する。
5　ジェンダーの平等を実現 ジェンダー平等を達成し、すべての女性および女児の能力強化を行う。
6　安全な水とトイレを世界中に すべての人々の水と衛生の利用可能性と持続可能な管理を確保する。
7　エネルギーをみんなに、そしてクリーンに すべての人々の、安価かつ信頼できる持続可能な近代的エネルギーへのアクセスを確保する。
8　働きがいも経済成長も 包摂的かつ持続可能な経済成長、およびすべての人々の完全かつ生産的な雇用と働きがいのある人間らしい雇用（ディーセント・ワーク）を促進する。

9　産業と技術革新の基盤をつくろう 強靱なインフラ構築、包摂的かつ持続可能な産業化の促進およびイノベーションの推進を図る。
10　人や国の不平等をなくそう 各国内及び各国間の不平等を是正する。
11　住み続けられるまちづくりを 包摂的で安全かつ強靱で持続可能な都市および人間居住を実現する。
12　作る責任、使う責任 持続可能な生産消費形態を確保する。
13　気候変動に具体的な対策を 気候変動および、その影響を軽減するための緊急対策を講じる。
14　海の豊かさを守ろう 持続可能な開発のために海洋・海洋資源を保全し、持続可能な形で利用する。
15　陸の豊かさも守ろう 陸域生態系の保護、回復、持続可能な利用の推進、持続可能な森林の経営、砂漠化への対処、ならびに土地の劣化の阻止・回復および生物多様性の損失を阻止する。
16　平和と公正をすべての人々に 持続可能な開発のための平和で包摂的な社会を促進し、すべての人々に司法へのアクセスを提供し、あらゆるレベルにおいて効果的で説明責任のある包摂的な制度を構築する。
17　パートナーシップで目標を達成しよう 持続可能な開発のための実施手段を強化し、グローバル・パートナーシップを活性化する。

心」の豊かさを見つめ直すこと、快適さより健康を優先することなど、意識のパラダイムシフトが起こりました。

SDGsへの取り組みが真剣に考えられるようになったのも、コロナ禍の「副産物」なのかもしれません。ご存じのように、これは2015年の国連総会で採択された「Sustainable Development Goals＝持続可能な開発目標」の略です。平たく言えば「よりよい世界を目指すための国際社会共通の目標」のこと。「2030年までに達成すべき17の目標」と、これらを達成するために必要となる169の細かく具体的な目標で構成されています。骨格を206～207ページの表にまとめておきましたので参考にしてください。

注目すべきは、二番目に謳われた「持続可能な農業の推進」です。農業は人類生存のために不可欠な分野です。食料供給という意味では、安定した農業システムを確立して、あらゆる人に適切に食料が分配される状態を保つことが、「飢餓撲滅」や「すべての人に健康と福祉」という目標への直接的な対策となりますが、「持続可能な農業」という意味では、農地をできるだけ自然のままに保つという意識が大切だと思います。先ほど紹介した「エシカル消費」です。

現在の農業を、すべて「有機農業」や「無農薬」に転換するのは無理だと思いますが、せめて、前に述べたような農薬の大量散布や遺伝子組み替え作物の氾濫は阻止しなければなりません。そのためには、私たち消費者自身が、これらに対してNOを突きつけることが重要なファクターになると考えます。何度も言いますが、自分自身でマイクロ農業をやってみると、こうした「不都合な真実」に気づくはずです。

そしてこれは、農業それ自体で自然環境を保持するという役割につながります。必要以上に生産性を追い求めたり、消費者が見た目のよい商品ばかりを求めるようになると、「食料廃棄」という形で自然環境へ負荷を与えることにつながっていくからです。食料廃棄の問題は、飲食店や一般家庭だけでなく生産現場や流通現場でも起きているのです。

このように、「作る責任、使う責任」は、農業にも当てはまりますし、また農業は「気候変動対策」「陸の豊かさ」「海の豊かさ」など、多岐にわたってＳＤＧｓに寄与する分野なのです。

「ジェンダーの平等」を農業で実現する

そのなかでも、特に私は「あらゆる人々の活躍の推進」という理念に注目しています。農業に従事する人の数、特に女性や障害を持つ人の就農者を増やすことが、この達成に寄与するはずです。

世界には農業を最大の産業としている国がまだ多く、それが途上国の就労を支えています。しかし日本では農業従事者の高齢化が著しく、また、参入障壁が高いため職業として農業を選びにくい状況になってしまっているという課題があります。

そこで農業に関心を持つ若い世代、なかでも女性や障害を持つ人の割合を増やし、技術や経験値を伝えていくこと、経済的な安定と働きがいを与えるようになれば、農業はますます魅力的な産業になっていくはずです。

農水省のデータ「農林業センサス」によれば、2019年度の農業就業人口168万1000人のうち76万4000人、約45・4％が女性なのです。土をいじって丹精込めて作物を育てる農業は、女性に適した作業ですし、また土を相手に黙々とする作業は、障害者にも向いています。そこでこの数字をもっと引き上げることができれば、5番目の「ジェンダーの平等」にも役立つはずなのです。

ただし、女性の就農の割合が高いとはいえ、全体としては「やむを得ず農家世帯に入る」ことが多く、自ら進んでというケースばかりではありません。農家の後継者と結婚したり、夫が就農すれば、その妻は必然的に農家になるという例が多いのが現状です。その証拠に、2017年の新規就農者数55万7000人のうち、女性は13万2000人、23・7％です。

そこで「やむを得ず」を「自ら進んで」にどう変えていくかが、今後の課題になります。農業は食べ物を生産する仕事です。女性は、消費者として農作物と接する機会が多く、農業に関心を持つことが多いので、意識が変わる可能性は十分あります。事実、やり方しだいで向上できると確信する女性農業者は多く、「農業女子」という新たなムーブメントも生まれつつあります。

最近目立つのは、特に加工や販売、流通を含めた農業の経営面で、企画を発案する女性が増えてきました。従来の「農家の嫁」のイメージを覆すものです。

私は、女性就農者を増やす方策として、「畑仕事の労働力」ではなく、畑は夫にまかせ、妻は農業マネジメントを担当するという具合に、役割分担を明確にするというのも、一つの手段ではないかと思います。というのは、女性のほうが消費者の目線に立ちやすく、主婦や母親という視線から生まれたアイデアが、農業に生かされやすいからです。我が子の将来まで見通す高い志をもって農業を楽しむ女性が増えれば、地球環境やＳＤＧｓまで見据えた企画が生まれる可能性もあります。

子どもがまだ小さいうちは、子育てしながらの作業は厳しいのが現実です。そこで、経理に精通して経費節約を図ったり、商品化のアイデアを練ったり、販売先や流通ルートを拡大したりという、「営農計画」に携わるなど、自宅でできる仕事に特化するのがベストだと思います。

事実、夫と一緒に農業をするうちに妻のアイデアで経営を向上させたりするというケースも増えているそうです。農家は親兄弟などと同居して働く人も少なくないため、家族と過ごす時間も長く、仕事と子育てを両立しながら仕事ができるのは、農家ならではのメリットといえるかもしれません。

また、独立した自営農家なら毎年確定申告をする必要があり、農業経営独自の「勘定科目」を覚えて「貸借対照表」や「損益計算書」を作成する必要があります。「農業簿記」の知識を身につけることによって、裏方として支えながら農業を事業としてとらえ、成果を挙げる女性も増えているようです。

先ほども述べたように、農家同士はもちろん、ほかの分野で活躍する人たちとのネットワークづくりも大切な仕事で、これにも〝お母さんネットワーク〟が大きな力を発揮するかもしれません。つまり、農業は女性でも男性と同じように働くことができ、年齢を重ねてもできる仕事です。もちろん、体力面の問題は出てきますが、ライフスタイルや家庭状況、体力などと相談しながら、家族とよく話し合って続ける道を探っていくことです。上手に役割分担をして、加工や販売、流通といったさまざまな仕事を担いながら農業に携わることは、決して難しいことではありません。

農業の裾野を広げるＳＤＧｓ

「持続可能な成長」のためには、いま広大な面積を占める耕作放棄地を有効活用し、農業の裾野を広げていくのがいいと、私は考えています。

現在、日本の耕作放棄地は２０１７年時点で約38万ヘクタールです。東京ドーム８万個分、埼玉県全体と同じ面積の広大な土地が荒れ果てたままなのです。そして、今後ますます増えるでしょう。

こうした耕作放棄地は、ほとんど地の利が悪いところなのですが、そのなかで「運用次第ではうまく展開できそうな」土地を見つけて農業を展開し、女性や障害を持つ人を働き手に据えたら、ＳＤＧｓに大きく寄与するものと考えます。

例えば、38万ヘクタールの耕作放棄地をすべて「農地」に変えるとしましょう。日本の農家の平均耕地面積は約２・５ヘクタール（約２万５０００平方メートル＝約７６００坪）なので、少なくとも15万戸の農家が生まれる必要があります。一足跳びに実現するのは無理でも、毎年１万５０００戸ずつ、10年かけるくらいの気持ちで取り組んでみたらよいのです。10年で全国の荒れ野が農地に生まれ変わります。

農業人口はいま、激減し続けています。現在１６８万人の、その約１割を毎年生み出していくなんて、とうてい無理と考えるでしょう。しかし、２０２０年のコロナ禍で、フランスでは「就農希望者20万人が殺到」という現象が起きています。農業の魅力をもっともっとアピールできれば、決して不可能な数字ではないはずなのです

地産地消で大規模流通の無駄をなくす

また、マイクロ農業は、「地球温暖化対策」に役立ちます。農業の地産地消が広がれば、大規模流通の無駄をなくし、温室効果ガス排出削減対策につながります。小規模でもいいから太陽光や風力発電などの設備を設置し、エネルギーの地産地消も視野に入れれば、再生可能エネルギーの効率的利用が可能になり、ささやかでも地球温暖化防止に役立つことができるのです。「エネルギー」「イノベーション」「生産・消費」「気候変動」の分野でＳＤＧｓに貢献するはずです。

そしてこれは「食品ロスの削減」や「食品廃棄物のリサイクル」にも役立つはずです。「食品ロス」とは、まだ食べられるのに廃棄されている食べ物のことで、消費者庁の「食品ロス削減関係参考資料」によれば、日本の食品ロスは年間で約６４６万トン（２０１５年度推計）に上ります。このうち事業系のものは３５７万トン、家庭からのものは２８９万トンとされていて、この数字は国民１人がおよそ茶碗１杯分のご飯を毎日捨てている量に等しいのです。

６４６万トンという数字は異常です。世界中の飢餓に苦しむ人々への各国の食料援助量が年間約３２０万トン（２０１５年度）です。その倍以上の食糧が日本で日々、捨てられているのです。

多くの人がマイクロ農業を経験して、「農作物生産がいかに大変なことか」を知れば、「もったいない」という気持ちが湧いて、簡単に食べ物を捨てなくなるはずです。

＊

いま世界は危機的な状況にあると、私は思います。それは政治家や官僚、そしてグローバル資本のトップたちだけの責任ではありません。私たち一般庶民にも大きな責任があるのです。現在の問題を正面から見つめ、現状を変えなければという意識の人は、たくさんいると思います。しかし、それが大きな声にならなければ、政治も行政も動こうとしないのです。

農業に限った問題ではありません。核兵器廃絶も、地球温暖化問題も、有害化学物質、マイクロプラスチックによる海洋汚染も……私たちが声を上げ、責任を果たさないと、それが「負の遺産」となって後世に引き継がれていくのです。

作家の井上ひさしさんは、政治学者の吉野作造の「わたしたちは無知でいる権利はもうない」という言葉を紹介しています。

私はここまで、「マイクロ農業」というキーワードを核に、さまざまな問題を述べてきましたが、地球上の平和と民主主義を実のあるものにするためにも、現実をよく見ることが必要だと思います。

「マイクロ農業」は、それにぴったりです。時間に縛られない、自然と対話できる、そして、余った収穫物をおすそ分けできる……そんな形で生きていくことが、人間生活の〝豊かさ〟を実感し、またコミュニテイの温かさに包まれる幸福につながります。

繰り返します。さあ、いますぐ、近くの農園を探しに行きましょう！

おわりに

年末年始にこの原稿を書いているとき、妻が私の背中に向かって、こう言いました。

「大学にしろ、テレビ・ラジオにしろ、博物館にしろ、畑にしろ、あなたは自分の好きな仕事ばかりして、生きてきたよね」

妻は、掃除の手伝いもせずに、ずっと働いている私の姿勢に皮肉を込めて言ったのですが、妻の指摘は的を射たものでした。これまでの人生を振り返ってみると、私はずっと楽しい仕事をすることを最大の目標としてきた気がします。楽しい仕事というのは、楽な仕事ではなく、賃金の高い仕事でもなく、自由に自分を表現できる仕事です。それを求めて、転職も二回しました。

ただ、グローバル資本主義の深化で、楽しい仕事がどんどん減ってきています。グローバル資本主義の基本原理は生産性の上昇、つまり効率を高めるということです。効率を高めるというのが何を意味するのか。

例えば、日本のフィギュア（人形）作家は、原型制作から組み立て、仕上げ、塗装に至るまで、すべてを一人で仕上げます。時間がかかりますから、当然コストも高くなります。一方で、コストを抑えたい玩具メーカーは、中国に生産を委託します。中国では効率を上げるために、分業をします。それも、工程ごとの分業ではなく、もっと細かく、一人の作業員がフィギュアの目なら、目だけをずっと塗り続けるのです。朝から晩まで目だけを塗っている仕事が楽しいでしょうか。そこには、作家性は一切ありません。

そうしたことは、すべての仕事で起きています。欧米型のトップダウン経営が広がり、日本中のサラリーマンが、経営層の顔色をうかがってばかりいる茶坊主になっています。官僚の世界でさえ、官邸主導の強化によって、指示待ちの姿勢が強まっています。

私が経済企画庁で働いていたときは、官僚の一人ひとりが国家ビジョンを持って、残業代も出ないのに、夜遅くまで天下国家を論じていました。いまでは、そんな官僚はほとんどいなくなってしまいました。

私は、格差社会の本質は、賃金だけでなく、仕事の楽しさの格差なのではないかと思っています。報酬だけでなく、仕事の楽しさも、一部の富裕層が独占してしまうのです。

そんななか、新型コロナの感染拡大が格差に拍車をかけています。テレワークの普及によって、仕事のやり方が「ジョブ型」に変わっているのですが、それは、自由に仕事をするスタイルに変わるのではなく、仕事の具体的な内容とノルマを詳細に記した「マニュアル労働」への変化です。

また、新型コロナで仕事を失った人の多くが就いた仕事も、料理の宅配や物流倉庫での仕分けなどのマニュアル労働でした。さらに、いままで自己表現に専念してきたミュージシャンや芸人、舞台役者なども、新型コロナで仕事を大きく減らしました。私自身も、講演やイベントが軒並みなくなりましたし、テレビのロケも激減しました。

ただ、コロナ禍のなかでも、完全に自由を確保できたのが、農作業でした。何を植え、どのように育てるのかは、すべて自由です。もちろんすべてがうまくいっているわけではありません。育てた二十数種の作物のなかで完全にうまくいったのは、スイカくらいです。動物に食われたり、虫に食われたり、病気になったり、半分以上が「失敗」でした。それでも、やはり農作業は楽しいのです。失敗したら、それを繰り返さないように、知恵を絞り、翌年に改善策を講ずればよいからです。

マイクロ農業には、個人の食の安全保障の機能もありますが、やはり一番大きいのは「自由」の確保です。現金収入を得るための仕事がつまらなくなるなかで、完全な自由を得られる仕事は限られてきています。

むずかしい理屈は別にして、畑で農作業をして汗をかくのは、何よりすがすがしい気持ちにさせてくれます。

マイクロ農業は、プランター一つから始められます。仕事にストレスを抱えていたら、とりあえず第一歩を踏み出してみてはいかがでしょうか。

2021年1月

森永卓郎

※参考文献

本書を執筆するに当たって、以下の文献を参考にさせていただきました。お礼申し上げます。

『田舎暮らしの教科書』清泉亮著／東洋経済新報社
『井上ひさしと考える日本の農業』井上ひさし著・山下惣一編／家の光協会
『グローバル資本主義の終わりとガンディーの経済学』森永卓郎著／集英社インターナショナル新書
『この国はどこで間違えたのか』徳間書店出版局編／徳間書店
『仕事消滅』鈴木貴博著／講談社＋α新書
『人新世の「資本論」』斎藤幸平著／集英社新書
『捨てられる食べものたち』井出留美著・マツモトナオコ絵／旬報社
『住み開き　家から始めるコミュニティ（増補版）』アサダワタル著／ちくま文庫
『セミプロ農業が日本を救う』大澤信一著／東洋経済新報社
『潜入ルポ　ａｍａｚｏｎ帝国』横田増生著／小学館
『日本が売られる』堤未果著／幻冬舎新書
『日本列島回復論　この国で生き続けるために』井上岳一著／新潮選書
『年収２００万円でもたのしく暮らせます』森永卓郎著／ＰＨＰビジネス新書
『年収１００万円で生きる』吉川ばんび著／扶桑社新書
『農業はじめてＢＯＯＫ』淵野雄二郎監修／小学館集英社プロダクション
『ビジネス・パーソンの新・兼業農家論』井本喜久著／クロスメディア・パブリッシング
『本当は明るいコメ農業の未来』窪田新之助著／イカロス出版
『メガ・リスク時代の「日本再生」戦略』飯田哲也・金子勝著／筑摩選書

森永卓郎の「マイクロ農業」のすすめ
都会を飛びだし、「自産自消」で豊かに暮らす

2021年3月15日　第1刷発行
2024年2月5日　第3刷発行

著　　者　森永　卓郎

企画・編集　未来工房

発 行 所　一般社団法人　農山漁村文化協会
〒335-0022　埼玉県戸田市上戸田2-2-2
電話　048（233）9351（営業）　048（233）9376（編集）
FAX　048（299）2812　　振替　00120-3-144478
URL　https://www.ruralnet.or.jp/

ISBN978-4-540-21106-5　　DTP・印刷・製本／(株)三秀舎
〈検印廃止〉